普通高等教育"十二五"规划教材

油气储运工程专业实验指导

周锡堂　主编

中国石化出版社

内 容 提 要

油气储运工程专业通常开设有"工程流体力学""传热学""储运油料学""储运设备的腐蚀与防腐""油库设计与管理"及"管输工艺"等课程。这些课程都有与理论课相对应的实验课,多数学校将它们集中开设,以"油气储运工程专业实验"等来命名。本书即为该实验课的同名教材,其主要内容有油气储运工程专业实验基本知识、流体力学与传热实验、油品性质实验、腐蚀与防腐实验、小呼吸蒸发损耗实验和管输模拟实验等。

本书适用于指导油气储运工程专业实验,也可以供相关专业师生、企业技术人员阅读和参考。

图书在版编目(CIP)数据

油气储运工程专业实验指导/周锡堂主编.
—北京:中国石化出版社,2012.6(2018.7重印)
普通高等教育"十二五"规划教材
ISBN 978-7-5114-1548-6

Ⅰ.①油… Ⅱ.①周… Ⅲ.①石油与天然气储运-实验-高等学校-教材 Ⅳ.①TE8-33

中国版本图书馆 CIP 数据核字(2012)第 101152 号

中国石化出版社出版发行
地址:北京市朝阳区吉市口路 9 号
邮编:100020 电话:(010)59964500
发行部电话:(010)59964526
http://www.sinopec-press.com
E-mail:press@sinopec.com
北京科信印刷有限公司印刷
全国各地新华书店经销
*
787×1092 毫米 16 开本 8.25 印张 184 千字
2012 年 6 月第 1 版 2018 年 7 月第 2 次印刷
定价:20.00 元

前　言

　　油气储运工程是连接油气生产、加工、分配、销售诸环节的纽带,它主要包括油气田集输、长距离输送管道、储存与装卸及城市输配系统等。可以说,油气储运工程专业是随着我国石油和天然气工业及城市燃气事业的发展而快速发展起来的一个本科专业。

　　该专业以热能工程为基础、以服务石油石化和燃气行业为目标,是石油、机械、化工和土建等多个学科相交叉的产物。正因为如此,油气储运工程专业课程及其实验所涉及的范围很广。同一个专业,不同学校的培养目标各有所侧重,因此各学校油气储运工程专业的实验教材也体现出各自的特色。

　　本教材涉及与油气储运工程专业部分技术基础课和专业课相配套的实验内容,包括油气储运专业实验基础知识、流体力学实验和传热实验、油品性质实验、管输模拟实验、油库小呼吸蒸发实验和储运设备的腐蚀与防腐实验等内容。

　　周锡堂负责全书统稿及第一章至第十二章的编写,洪晓瑛负责第十三章至第二十四章的编写,俞志东负责第二十五章至第三十二章的编写。郑秋霞、黄钦炎和张树文对全书进行了细致的审阅,并提出了许多宝贵的意见。对于他们的无私奉献,本书编者表示深深的感谢!

　　本书适合作为油气储运工程专业本专科实验指导书,也可供相关专业技术人员培训使用。书中难免存在不当之处,编者恳请读者提出宝贵意见。

编　者

目　　录

第1篇　油气储运工程专业基本实验方法与理论

第2篇 流体力学和传热实验

第1篇　油气储运工程专业基本实验方法与理论

1　油气储运工程专业实验概要

1.1　油气储运工程专业实验特点

油气储运工程专业实验是一门实践性强的技术(基础)课,它属于工程实验范畴,不同于基础实验。基础实验面向基础科学,处理的对象简单、基本、甚至是理想的,实验方法讲究理论性、严密性。而工程实验面对的是错综复杂的工程问题,实验涉及的物料千变万化,设备形式大小悬殊,实验研究结果能由小见大,可应用于石油化工、油气储运生产单元设备的设计及单元过程操作条件的确定。因此,不能将一般的物理实验或化学实验的方法套用于油气储运工程专业实验。

油气储运工程专业实验能培养学生的动手能力,使学生掌握流体输送、传热、油品性质检验和油品储运的基本操作技能并学会理论联系实际,解决各类单元设备及相关工艺的实际问题。

1.2　实验教学目的

(1)使学生巩固和强化对流体力学、传热学、油料学、储运设备防腐和管输工艺等课程内容的认识和理解。

(2)培养学生的动手能力,使学生熟练掌握典型设备及相关工艺的操作技能。

(3)培养学生良好的操作习惯。

1.3　实验教学内容

油气储运工程专业实验课程内容包括基本实验方法与理论及实验内容。基本实验方法与理论主要包括实验参数的测量、实验数据的误差与分析、实验数据(含有效数字)的处理、实验的基本操作技能等。实验内容在第2~5章叙述。

1.4　实验教学的基本要求

(1)熟悉实验数据的基本测试方法和技术,例如温度、压力、流量的测量。

(2)学会组织实验,以测试到必要的数据,如油品参数的测定和设备特性参数的测定等。

1

（3）掌握影响生产过程的操作参数，并懂得调节控制。

（4）掌握实验数据的处理方法(列表法、图示法、图解法)。

（5）实验预习。实验前学生必须认真阅读实验指导书，弄清实验目的、实验原理，根据实验的具体要求，讨论实验内容、步骤及应测数据，分析实验数据的测定方法，并预测实验数据的变化规律。结合实验任务到实验室现场认真查看实验流程、设备结构及仪器、仪表的种类，了解实验操作过程和操作的注意事项，经过充分的预习，写出实验预习报告，方可进行实验。

（6）提交实验报告。实验报告是实验工作的全面总结和概括，它包括实验目的、实验原理、装置流程、操作方法和注意事项，还包括原始数据记录、数据处理、列表和作图、数据计算过程举例以及对实验结果进行分析讨论并作出结论。通过书写实验报告，使学生在实验数据的处理、作图、误差分析、问题归纳等方面得到全面提高。实验报告是实验者个人理解认识的再创造过程，而不是实验教科书的翻版，每一名实验者都应认真对待，独立完成。

2   实验参数测量

流体压力、流量、温度等是石油石化生产中的主要测量参数，是分析生产操作过程的重要信息。而对这些参数的正确测量和控制，直接关系到产品质量或实验的研究结果。因此，本章着重介绍上述参数的测量。

2.1   流体压力的测量

流体压力测量可分成流体静压测量和流体总压的测量。压力的表示方法可根据测量压力的基准不同分为两种。其中以绝对零压为基准的称为绝对压强，简称为绝压，是流体的真实压强；以大气压为基准可表示为表压强或真空度。如图 2 - 1 所示。

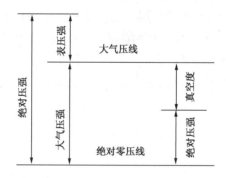

图 2 - 1   绝压、表压、真空度之间的关系

在石化生产和实验过程中所测压力的范围很广，要求的精度也各不相同，所以使用的压力测量仪表的种类也很多。下面简要介绍常用的液柱式压差计和弹簧管压强计。

2.1.1   液柱式压差计

液柱式压差计是根据流体静力学原理，把被测压差转换成液柱高度。这种压差计结构比较简单，精密度较高。既可用于测量流体的压力，又可用于测量流体的压差。液柱式压计差的基本形式有：U 形管压差计、倒 U 形管压差计、单管式压差计、斜管压差计、U 形管双指示液柱压差计等。但是，这种压差计测量范围小，不耐高温。

（1）U 形管压差计

这是一种最常见的压差计，它是一根弯制而成的 U 形玻璃管，也可用二支玻璃管做成连通器形式。玻璃管内充入水、水银或其他液体作为指示液。

在使用前指示液液面处于同一水平面，当作用于 U 形压差计两端的压力不同时，管内一边液柱下降，而另一边则上升，直至达到新平衡状态。这时两个液面存在着一定的高度差 R，如图 2 - 2 所示。

若被测介质是液体，平衡时压差为：

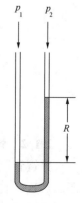

图 2 - 2   U 形管
压差计

$$p_1 - p_2 = (\rho' - \rho)gR \qquad (2-1)$$

若被测介质是气体，由于 $\rho' \gg \rho$，压差可表示为：

$$p_1 - p_2 = \rho' gR \qquad (2-2)$$

式中　ρ'——指示液体的密度，kg/m^3；

　　　ρ——被测流体的密度，kg/m^3。

（2）倒 U 形管压差计

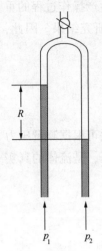

倒 U 形管压差计的优点是玻璃管内不需充入指示液而是以待测流体为指示液。使用前以待测流体赶净测压系统空气，待倒 U 形管充满待测流体后调节倒 U 形管上部为空气，这种压差计一般用于测量液体压差较小的场合。如果与倒 U 形管两端相通的待测流体的压力不同，则在倒 U 形管的两根支管中待测流体上升的液柱高度也不同，如图 2-3 所示，其压差为：

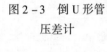

$$p_1 - p_2 = (\rho - \rho_空)gR \approx \rho gR \qquad (2-3)$$

（3）单管压差计

单管式压差计是用一只杯形容器代替 U 形压差计中的一根管子，如图 2-4 所示。由于杯的截面远大于玻璃管的截面，所以在其两端不同压强作用下，细管一边的液柱从平衡位置升高 h_1，杯形一边下降 h_2。根据等体积的原理，$h_1 \gg h_2$，故 h_2 可忽略不计，在读数时只要读一边液柱高度即可。

图 2-3　倒 U 形管压差计

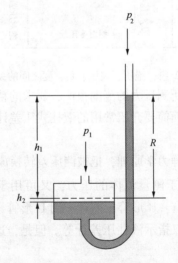

图 2-4　单管式压差计

$$\Delta p = h_1 \rho g \qquad (2-4)$$

2.1.2　弹簧管压强计

弹簧管压强计是根据弹性元件受压后产生弹性变形的原理制成的，其结构如图 2-5 所示。这是目前生产及实验室中常用的一种压强计，其表面小圆圈中的数字代表表的精度，数值越小其精度越高，一般常用 1.5 级或 1 级，测量精度要求较高的可用 0.4 级以上的表。

4

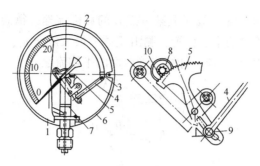

图 2-5　弹簧管压强计

1—指针；2—弹簧管；3—接头；4—拉杆；5—扇形齿轮；6—壳体；

7—基座；8—齿轮；9—铰链；10—游丝

2.1.3　测压点的选择

测压点应选择在受流体流动干扰最小的地方，如在管路上测压，测压点应选在离流体上游的弯头、阀门或其他障碍物 40～50 倍管内径的距离，使紊乱的流线经过该稳定段后在靠近壁面处的流线与管壁面平行，从而避免了动能对测量的影响。若条件所限，可设置整流板或整流管，以消除动能的影响。

2.2　流量的测量

流量测量和控制在石化生产与实验中是必不可少的。流量是指单位时间内流体流过管截面的量。若流量以体积表示，称为体积流量 V，以质量表示，称为质量流量 w。它们之间的关系为

$$w = \rho V \qquad (2-5)$$

式中　ρ——被测流体的密度，kg/m^3。

被测流体的密度随流体的状态而变。因此，以体积流量描述时，必须同时指明被测流体的压强和温度。

流量测量的方法很多，目前实验室所用的流量计主要有：测速管、孔板流量计、文丘里流量计、转子流量计、涡轮流量计等。

2.2.1　测速管

测速管又名毕托管，如图 2-6 所示。它是由两根弯成直角的同心套管所组成，外管的管口是封闭的，在外管前端壁面四周开有若干测压小孔，测量时，测速管可以放在管截面任一位置上，并使管口正对管道中流体的流动方向，外管与内管的末端分别与液柱压差计的两臂相连接。

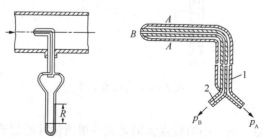

图 2-6　测速管

1—静压力导压管；2—总压力导压管

测速管只能测出流体在管道截面上某一点处的局部流速,欲想得到管截面上的平均流速,可将测速管口置于管道的中心位置,测出流体的最大流速 u_{max},根据最大流速 u_{max} 计算出雷诺数 Re_{max},然后利用图 2-7,计算出管截面的平均流速 u。

$$u_{max} = \sqrt{\frac{2\Delta p}{\rho}} \qquad (2-6)$$

$$Re_{max} = \frac{du_{max}\rho}{\mu} \qquad (2-7)$$

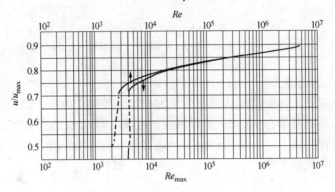

图 2-7 u/u_{max} 与 Re、Re_{max} 的关系

测速管的优点是对流体的阻力小,适用于测量大直径管路中的气体流速,但它不能直接测出平均流速。当流体含有固体杂质时,容易堵塞测压孔,因此,气体含有固体杂质时,不宜采用测速管。

2.2.2 孔板流量计

孔板流量计是基于流体的动能和静压能相互转化的原理设计的,是以孔板作为节流元件的节流式流量计。如图 2-8 所示,孔板流量计结构简单,具有成本低,使用方便的特点,可用于高温、高压等场合,但流体流经孔板时能量损耗较大,不能使用于含固体颗粒或带有腐蚀性的介质,否则会造成孔口磨损或腐蚀。

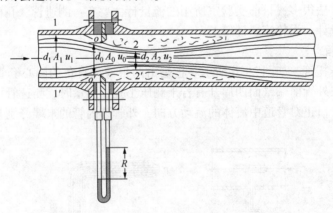

图 2-8 孔板流量计

2.2.3 文丘里流量计

文丘里流量计具有能量损失小的特点,但是文丘里流量计的制造复杂,成本比较高。其结构如图 2-9 所示。

孔板流量计和文丘里流量计是利用测量压强差的方法来测量流量的。

6

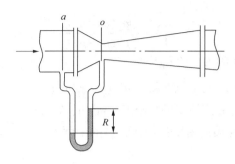

图 2 - 9 文丘里流量计

$$V = c_0 A_0 \sqrt{\frac{2gR(\rho_A - \rho)}{\rho}} \qquad (2 - 8)$$

式中　V——体积流量，m^3/h；

　　c_0——孔流系数或流量系数无因次；

　　A_0——孔口截面积或喉颈处截面积，m^2；

　　ρ_A——指示液的密度，kg/m^3；

　　ρ——流体的密度，kg/m^3；

　　R——U 形管压差计指示液液面的高度差，m。

2.2.4　转子流量计

转子流量计又称浮子流量计，由一根呈锥形的玻璃管和转子组成，使用方便，能量损失少，特别适合于小流量的测量，但制造复杂，成本高。转子流量计出厂前经过 20℃水或 20℃常压空气的状态下进行标定，若被测量的流体状态与转子流量计标定状态不一致时，从转子流量计读出的数据，必须按下式进行修正，才能得到测量条件下的实际流量值。

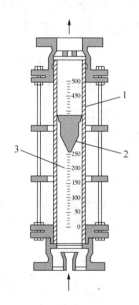

图 2 - 10　转子流量计

1—锥形玻璃管；2—转子；3—刻度

对于液体：

$$\frac{V_2}{V_1} = \sqrt{\frac{\rho_1(\rho_f - \rho_2)}{\rho_2(\rho_f - \rho_1)}} \qquad (2-9)$$

式中　　ρ_f——转子材质的密度，kg/m³；

　　　　V_1，ρ_1——标定时液体的流量与密度，m³/h，kg/m³；

　　　　V_2，ρ_2——实际工作时液体的流量与密度，m³/h，kg/m³。

　　对于气体，由于转子材质的密度比任何气体的密度大得多，所以

$$\frac{V_{气2}}{V_{气1}} = \sqrt{\frac{\rho_{气1}}{\rho_{气2}}} \qquad (2-10)$$

式中　　$V_{气1}$，$\rho_{气1}$——标定时气体的流量与密度，m³/h，kg/m³；

　　　　$V_{气2}$，$\rho_{气2}$——实际工作时气体的流量与密度，m³/h，kg/m³。

2.2.5　涡轮流量计

　　涡轮流量计是速度式流量计，它由涡轮流量变送器（如图2-11所示）和显示仪表组成。涡轮流量计的涡轮叶片因受流体的冲击而发生旋转，转速与流体流速成正比。通过磁电传感器将涡轮的转速换成相应的脉冲信号，通过测量脉冲频率，或用适当的装置，将电脉冲信号转换成电压或电流输出。

　　涡轮流量计的优点：

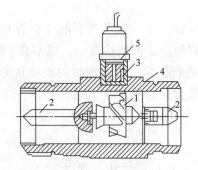

图 2 - 11　涡轮流量计

1—涡轮；2—导流器；3—磁电感应转换器；4—外壳；5—前置放大器

　　（1）测量精度较高，可达精度0.5级以上；

　　（2）对被测信号的变化反应快；

　　（3）耐压高，最高可达50MPa；

　　（4）体积小及输出信号可远距离传送等。

　　每台涡轮流量计对应一个固定的仪表常数 K 值，它是每升流体通过时输出的电脉冲数（1/L）。它等于脉冲频率 f（1/s）与体积流量 V_s（L/s）之比，即

$$K = \frac{f}{V_s} \qquad (2-11)$$

故　　$$V_s = \frac{f}{K} \qquad (2-12)$$

　　为了提高测量精度，防止杂质进入仪表，导致转动部分被卡住和磨损，在仪表的上游管线上要安装过滤器。

2.3 温度的测量

温度是表征物体冷热程度的物理量，是实验中的重要参数之一。实验中流体的物性，如密度、黏度、比热容等，通常是通过测量流体的温度来确定。温度不能直接测量，只能借助于冷热不同物体的热交换以及随冷热程度变化的某些物理特性进行间接测量。

2.3.1 温度测量的方法

按测温的原理，温度测量可分为以下几种方式：

（1）热膨胀

利用物体受热膨胀的性质，通过测定膨胀程度来测量温度。

（2）电阻变化

测定导体或半导体受热后电阻发生的变化，从而可以得到相应的温度数值。

（3）热电效应

不同材质的导线连接成闭合回路，两接触点的温度如果不同，回路内就产生热电势，通过测量热电势可测出温度。

（4）热辐射

物体的热辐射随温度的变化而变化，因此，可以表征物体温度。通常用于测温的仪表分为接触式和非接触式两大类。接触式测温的仪表是利用感温元件与被测介质直接接触后，在足够长的时间达到热平衡，两个互为热平衡的物体温度相等，以此来实现对物体温度的测量。非接触式是利用热辐射原理，测量仪表的敏感元件，不需与被测物体接触，它常用于测量运动流体和热容量小或温度非常高的场合。

2.3.2 常用测温仪表

实验室常用的测温仪表为接触形式，即玻璃温度计、热电阻温度计、热电偶温度计等，下面分别介绍。

（1）玻璃液体温度计

玻璃液体温度计是借助于液体受热的膨胀原理制成的温度计。它是石化生产和实验中最常见的一类温度计，如水银温度计、酒精温度计等。这种温度计一般是棒状的，也有内标尺式的，比较简便，价格低廉，在生产和实验中得到广泛使用。

（2）热电阻温度计

热电阻温度计由热电阻感温元件和显示仪表组成，是利用导体或半导体的电阻值随温度变化而改变的特性，通过测量其电阻值而得出被测介质的温度。它具有测量精度高、性能稳定、灵敏度高、信息可以远距离传送和记录等特点而被广泛使用。

（3）热电偶温度计

热电偶温度计是根据热电效应而制成的一种感温元件，它由热电偶和显示仪表及连接导线组成。当两种不同材质的导体或半导体焊接成一个闭合回路时，如两接点温度不同，则在回路上产生热电势，由此特性进行温度测量。

2.3.3 温度仪表的选用

在选用温度计之前，要根据如下情况选择合适的温度计。

（1）测量的目的、测温的范围及精度要求。

（2）测量的对象是液体还是固体，是平均温度还是某点的温度（或温度分布），是固体表面还是颗粒层中的温度；被测介质的物理性质和环境状况等。

（3）被测温度是否需要远传、记录。

3 实验数据误差分析

在实验测量中，由于测量仪器、测量方法、环境及人的观察力等原因，实验观测所得的数值与客观存在的真值之间，存在一定的差异，这种差异在数值上即表现为误差，为了提高实验的准确度，缩小实验数值与真值之差，需要对实验误差进行分析和讨论。

3.1 数据的真值和平均值

3.1.1 数据的真值

真值是指某物理量客观存在的确定值。通常一个物理量的真值是未知的，需要实验测定，对其进行测量时，由于测量仪器，测定方法、环境及人的观察力等原因，实验数据总存在一定误差，故真值是无法测定的。实验科学中的真值是指测量次数无限多时，求得的平均值，或用高精度的测量仪器作为低精度的测量仪器的真值和载之文献、手册的公认值。

3.1.2 平均值

平均值是指某物理量经多次测量算出的平均数值，测量次数越多，算出的平均值越近似于真值，或称为最佳值。通常用它替代真值。

化工常用的平均值有：算术平均值、均方根平均值、几何平均值。

平均值的选择主要决定于一组测量值的分布类型。

（1）算术平均值

一般选用于测量值为正态分布类型最佳。

定义式：

$$\bar{x} = \frac{x_1 + x_2 + \cdots + x_n}{n} = \frac{\sum\limits_{i=1}^{n} x_i}{n} \tag{3-1}$$

（2）均方根平均值

选用于计算气体分子的平均动能最佳。

定义式：

$$\bar{x}_{均} = \sqrt{\frac{x_1^2 + x_2^2 + \cdots + x_n^2}{n}} = \sqrt{\frac{\sum\limits_{i=1}^{n} x_i^2}{n}} \tag{3-2}$$

（3）几何平均值

对于一组测量值取对数，所得图形的分布曲线呈对称时，常用几何平均值。

定义式：

$$\bar{x}_{几} = \sqrt[n]{x_1 x_2 \cdots x_n} \tag{3-3}$$

以对数表示为：

$$\lg\bar{x}_{几} = \frac{\sum\limits_{i=1}^{n} x_i}{n} \tag{3-4}$$

式中　x_i——各次的测量值；

　　　n——测量次数。

3.2　误差分析

3.2.1　误差的定义

误差是指实验测量值(包括直接和间接测量值)与真值(客观存在的准确值)之差。误差的大小,表示测量值相对于真值不符合的程度。

在任何一种测量中,无论所用仪器、设备多么精密,方法多么完善,实验者多么精心细致地操作、测量,误差还是产生的。因此,误差永远不等于零,误差的存在是绝对的。

3.2.2　误差的分类

实验误差根据误差的性质及产生的原因,可分为系统误差、随机误差、过失误差三种。

(1) 系统误差

由某些固定的因素所引起的误差称系统误差。产生系统误差的原因有:

① 仪器、设备性能欠佳。测量刻度不准、设备零件制造不标准、安装不正确、使用前未经校正等。

② 试剂不纯。质量不符合要求。

③ 环境的变化。外界压力、温度、湿度、风速的变化等。

④ 测量方法因素。读数滞后或提前,读数偏高或偏低。

实验中若已知系统误差的来源应设法消除,若无法在实验中消除,实验前应测出其值的大小和规律,以便在数据处理时加以校正或用修正公式加以消除。

(2) 随机误差

由某些不易控制的因素所造成的误差称随机误差,也称偶然误差。即已消除引起系统误差的一切因素,在同一条件下多次测量,所测数据仍在末一位或末二位数字上有差别,其差别数值和符号,时大时小,时正时负,无固定大小和偏向。随机误差产生原因不明,因而无法控制和补偿。但是,随机误差服从统计规律,随着实验测量次数的增加,随机误差的算术平均值趋近于零,即平均值越接近于真值。

(3) 过失误差

过失误差是一种明显不符实际的误差,主要由于实验人员粗心大意引起。如操作失误或读数错误、记录错误、计算错误等。这类误差应在整理数据时依据常用的准则加以剔除。

上述三种误差之间,随机误差和系统误差间并不存在绝对的界限,同样过失误差有时也难以和随机误差相区别,从而当做随机误差来处理。系统误差和过失误差是可以避免的,而随机误差是不可避免的,因此最好的实验结果应该只含有随机误差。

3.3　误差的表示方法

3.3.1　绝对误差与相对误差

(1) 绝对误差

测量值与真值之差的绝对值称为绝对误差。

它的表达式为

$$D(x) = \mid x - A \mid \tag{3-5}$$

即
$$x - A = \pm D(x) \tag{3-6}$$

$$x - D(x) \leqslant A \leqslant x + D(x) \tag{3-7}$$

若取信赖的算术平均值 $\bar{x}$ 替代真值，则式（3-5）改为

$$D(x) = \mid x - \bar{x} \mid \tag{3-8}$$

式中　　A——真值；

　　　　x——测量值；

　　　$D(x)$——绝对误差。

绝对误差的大小不足以说明测量的准确程度。要判断测量的准确度，必须将绝对误差与测量值的真值相比较，即求出其相对误差，才能说明问题。

（2）相对误差

绝对误差与真值的绝对值之比，称为相对误差，它的表达式为

$$E_r(x) = \frac{D(x)}{\mid A \mid} \tag{3-9}$$

若用算术平均值代替真值（$\bar{x} \approx A$），则式（3-9）改为

$$E_r(x) \approx \frac{D(x)}{\mid \bar{x} \mid} = \frac{\mid x - \bar{x} \mid}{\mid \bar{x} \mid} \tag{3-10}$$

测量值的表达式为　$x = \bar{x}[1 \pm E_r(x)]$　　　　（3-11）

相对误差与测量的量度的因次无关。实验中相对误差常用百分数（%）或千分数表示。相对误差与被测量值的大小和绝对误差的数值有关，一般来说，被测量的量越大，相对误差越小，故用相对误差来反映测定值与真实值之间的偏离程度较为合理。

3.3.2　算术平均误差与标准误差

算术平均误差和标准误差在数据处理中被用来表示一组测量值的平均误差。

（1）算术平均误差

$$\delta = \frac{\sum\limits_{i=1}^{n} \mid x_i - \bar{x} \mid}{n} \tag{3-12}$$

式中　δ——算术平均误差；

　　n——测量次数；

　　x_i——第 i 次测量值；

　　$\bar{x}$——n 次测量值的算术平均值。

上式应取绝对值，否则，在一组测量值中，$(x_i - \bar{x})$ 值的代数和必为零。

（2）标准误差（又称均方根误差）

$$\sigma = \sqrt{\frac{\sum\limits_{i=1}^{n} (x_i - \bar{x})^2}{n-1}} \tag{3-13}$$

式中　σ——标准误差。

算术平均误差和标准误差是实验研究中常用的精度表示方法。两者相比，算术平均误差的缺点是无法表示出各次测量值之间彼此符合的程度。而标准误差能够更好地反映实验数据的离散程度，因为它对一组数据中的较大误差比较敏感，因而在实验中被广泛应用。

3.4　错误数据的剔除

整理实验数据时，往往会遇到这样的问题，即在一组实验数据中，发现有误差特别大的

数据,若保留它,似乎会降低实验结果的准确度,但要舍去它必须慎重。一般实验中出现的数据误差,通常是由于粗心大意所致。对于此类数据是保留还是舍弃,必须要根据随机误差理论,用比较客观的、可靠的判断依据进行判别。

常用判别粗大误差最简单的方法是3σ准则。但它是以测量次数充分多为前提的,在一般情况下测量次数都比较少,因此,3σ准则只能是一个近似准则。如果在某测量列中发现某测量值x_i误差满足下式

$$|x_i - \bar{x}| > 3\sigma \tag{3-14}$$

则认为它含有粗大误差值,应该剔除。

当使用3σ准则时允许一次将偏差大于3σ的所有数据剔除,然后,再将剩余各个数据重新计算σ,并再次用3σ准则继续判断剔除超差数据。

3.5 精密度、正确度和准确度(精确度)

3.5.1 精密度

实验中同一物理量几次测量值之间的一致性,称精密度。它可以反映随机误差的影响程度,精密度高指随机误差小。如果实验数据的相对误差为0.01%,且误差单纯由随机误差引起,则可认为精密度为1.0×10^{-4}。

3.5.2 正确度

正确度指在规定条件下,测量中所有系统误差的综合,它反映系统误差大小的程度。如果实验数据的相对误差为0.01%,且误差纯由系统误差引起,则可认为正确度为1.0×10^{-4}。

3.5.3 准确度(精确度)

测量结果与真值之间的符合程度称准确度。它反映测量中所有系统误差和随机误差总和的大小程度。

对于实验或测量来说,精密度高,正确度不一定高。正确度高,精密度也不一定高。但准确度(精确度)高,则必须是精密度和正确度都高,如图3-1所示。

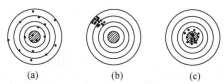

(a)　　　　　(b)　　　　　(c)

图3-1　精密度、正确度和准确度

图3-1中:

(a)系统误差小,随机误差大,即正确度高,精密度低;

(b)系统误差大,随机误差小,即正确度低,精密度高;

(c)系统误差和随机误差都小,表示正确度和精密度都高,即准确度高。

3.6 实验的有效数据

实验测量数据、运算数据以及实验结果数据,应取几位数为有效数据,是一个很重要的

问题。认为小数点后面的位数越多越正确，或者运算结果保留位数越多越准确的想法是错误的。

3.6.1 有效数字位数的确定

（1）有效数据中的小数点位置在前或在后取决于所用的测量单位及测量中所使用的仪器仪表的准确度。例如用最小分度为 1mm 标尺测量长度，得到 61.4mm、6.14cm 和 0.0614m，三个数据由于使用的单位不同，小数点的位置就不同，但其准确度是相同的。在上述的长度测量中，因为使用标尺的最小分度为 1mm，故数据的有效数字是三位。

（2）实验数据的准确度取决于有效数据字的位数，而有效数据字的位数是由使用的仪器仪表的准确度所决定。即，实验数据的有效数据字位数必须反映仪表的准确度和存在疑问的数字位置。

3.6.2 已知数的有效数字判断及记数法

有效数字中只能有一位存疑值。判断一个已知数有几位有效数字时，应注意非零数字前面和后面的零。例如长度 0.00745m，前面的三个零不是有效数字，它与所用的单位有关，若用 mm 为单位，则为 7.45mm，其有效数字为三位。非零数字后面的零是否为有效数字，取决于最后的零是否用于定位。若标尺的最小分度为 1mm，其读数可以到 0.1mm（估计值），因此，若有一个数是 463.0mm，那么这个数中的零是有效数字，该数值的有效数字是四位。

为了明确地读出有效数字位数，应该使用科学记数法（指数形式记数法），即把数写成一个小数与相应的 10 的幂的乘积。若 523.0mm 的有效数字为四位，可记为 5.230×10^2 mm。0.0317m 的有效数字为三位，可记为 3.17×10^{-2} m。

这种记数法的特点是小数点前面永远是一位非零数字，乘号"×"前面的数字都为有效数字。使用科学记数法记数，有效数字的位数就可一目了然。

［例 3-1］

数	有效数字位数
0.0032	二
0.003200	四
4.600×10^3	四
4.6×10^3	二
2.000	四
4300	可能是二位，也可能是三位或四位

对于数位很多的近似数，当有效位数确定后，应将多余的数字舍去。舍去多余的数通常是用四舍五入法。这种方法简单、方便，适用于舍入不多，且准确度不高的场合，因为这种方法见五就入，易使所得数据偏大。下面介绍新的舍入规则。

新的舍入规则：

① 舍去部分的数值，大于保留部分的末位的 0.5，则末位加 1；

② 舍去部分的数值，小于保留部分的末位的 0.5，则末位不变；

③ 舍去部分的数值，等于保留部分的末位的 0.5，则末位凑成偶数。换言之，当末位为偶数时，则末位不变；当末位为奇数时，则末位加 1 变为偶数。

为便于记忆，这种舍入原则可简述为：四舍六入五留双。

[例 3 – 2]

2.8635　　　　　　　取四位有效数字时为 2.864

　　　　　　　　　　取三位有效数字时为 2.86

2.8665　　　　　　　取四位有效数字时为 2.866

　　　　　　　　　　取三位有效数字时为 2.87

2.866501　　　　　　取四位有效数字时为 2.866

2.86499　　　　　　　取三位有效数字时为 2.86

3.6.3　实验测量数据的有效数字

实验数据的测量，一般分为直接测量和间接测量两大类。可从仪器、仪表直接读出测量结果的测量叫直接测量。凡是测量仪器、仪表读出的数据，通过计算才求得出测量结果数据的测量称为间接测量。

（1）直接测量数据的有效数字

直接测量的有效数字主要取决于读数时可读到哪一位。如二等标准温度计，它的最小刻度为 0.1℃，读数可以读到小数点后第 2 位 0.01℃。如 40.76℃，此时有效数字为四位，最后一位为估计值。若温度正好在 40.8℃，读数为 40.8℃，应记为 40.80℃，表明有效数字为四位，不能记为 40.8℃。由此可知，在记录直接测量值时，所记录的数字应该是有效数字，其中应保留且只能保留一位估计读出的数字。

测量时取几位有效数字取决于对实验结果精确度的要求及测量仪表本身的精确度。

（2）非直接测量值的有效数字

① 参与运算的常数，如 π，e 等，以及某些因子，如 $\sqrt{2}$，$\frac{1}{3}$ 等的有效数字，取决于计算所用原始数据有效数字的位数。假设参与计算的原始数据中，位数最多的有效数字是 n 位，则引用上述常数时宜取 $n+2$ 位，目的是避免引用数据的介入而造成更大的误差。工程上，在大多数情况下，对于上述常数可取五至六位有效数字。

② 在数据运算中，为兼顾结果精度和运算的方便，所有的中间运算结果，均可比原始实验数据中有效数字最多者多取二位，工程上一般宜五至六位有效数字。

③ 表示误差大小的数据，一般宜取二位有效数字。必要时可取多几位有效数字。为避免准确程度信息过于乐观，在确定的有效数字时，只进不舍，以使误差大一些。如误差为 0.1845，可写为 0.2 或 0.19。

④ 最后实验结果是间接测量值时，其有效数字位数的确定方法如下：

绝对误差的数值按上述先截断后保留数字末位加 1 的原则进行处理，保留一至二位有效数字；

令待定位的数据与绝对误差值以小数点为基准相互对齐。待定位的数据中，与绝对误差首位有效数字对齐的数字，即所得有效数字的末位；

按前面讲的数字舍入规则，将末位有效数字右边的数字舍去。

[例 3 – 3]

$y = 9.80113824$，$D(y) = \pm 0.004536$（单位暂略）

取 $D(y) = \pm 0.0046$（截断后末位加 1，取二位有效数字）

以小数点为基准对齐　　　　9.801：13824

　　　　　　　　　　　　　0.004：6

故该数据应保留四位有效数字。按上述的数字舍入规则，该数据 $y = 9.801$。

[例 3 - 4]

$y = 6.3250 \times 10^{-8}$，$D(y) = \pm 8.0 \times 10^{-9}$（单位暂略）

取 $D(y) = 8.0 \times 10^{-9} = \pm 0.8 \times 10^{-8}$（使 $D(y)$ 和 y 都是 $\times 10^{-8}$）

以小数点为基准对齐 $6.3 \vdots 250 \times 10^{-8}$

                                 $0.8 \vdots \times 10^{-8}$

可见该数据应保留二位有效数字。经舍入处理后，该数据 $y = 6.3 \times 10^{-8}$。

3.6.4 运算规则

运算中数字位数的取舍是由有效数字运算规则确定的。

（1）加、减运算

有效数字进行加、减运算时，有效数字的位数应与各数中小数点后位数最少的相同。

[例 3 - 5]

分别运算 38.1、41.39 两个数之和及之差。

运算：两个数之和   两个数之差

      $41.39 + 38.1 = 79.49$ $41.39 - 38.1 = 3.29$

运算结果有两位存疑数，由于每个有效数字只能有一位存疑数，故第二位存疑数按舍入法则舍弃，得出两个数之和及之差的结果分别为 79.5 和 3.3.

（2）乘、除运算

有效数字乘、除运算，其运算结果的有效数字位数与原来各数的有效数字位数最少的相同。如 $1.3048 \times 236 = 307.9528$，按舍入法则舍弃，根据 236 的有效数字位数得出运算结果的有效数字是 308。

（3）乘方、开方运算

乘方、开方后的有效数字的位数与其底数相同。

（4）对数运算

对数的有效数字位数应与真数有效数字位数相等。

如 $\lg 2.345 = 0.3701$ $\lg 2.3456 = 0.37025$

（5）实验数据运算注意事项

实验数据运算要注意单位换算；要根据有效数字的运算规则进行运算；有效数字保留的位数要遵循新的舍入规则。

4 实验数据的处理方法

实验数据处理是整个实验过程中的一个重要环节，是将实验中获得的大量数据整理成各变量之间的定量关系，通过正确分析和处理，从中获取有价值的信息与规律。实验数据各变量关系的表示方法通常是列表法、图示法和函数式。

列表法：将实验数据按自变量与因变量的关系以一定的顺序列成数据表，即为列表法。

图示式：将实验数据绘制成曲线，它直观地反映出变量之间的关系。在报告与论文中几乎都能看到，而且为整理成数学模型(方程式)提供了必要的函数形式。

函数式：借助于数学方法将实验数据按一定函数形式整理成方程，即数学模型。

下面介绍这三种形式的表示方法。

4.1 实验数据列表法

将实验数据列成表格显示出各变量之间的对应关系及变量之间的变化规律，它是标绘曲线图或整理成数学方程式的基础。

4.1.1 设计实验数据记录表

根据具体记录内容预先设计好实验数据记录表，以便清楚及时地记录所测的实验数据。实验数据表一般分为实验测定数据栏(原始数据记录)、中间计算(间接数据)栏及实验结果栏。计算数据及实验结果，只表达主要物理量(参变量)的计算数据和实验最终结果。

4.1.2 拟定实验数据表格内容

(1) 为便于引用，表头的上方写明表号和表名；

(2) 应在名称栏中标明物理量名称、符号和单位；

(3) 记录的位数，应限于有效数字；

(4) 记录较大或较小的数据时，应采用科学记数法来表示，即在名称栏中采用适当的倍数，在数据栏中记录较为简便；

例如：$Re = 25000 = 2.5 \times 10^4$

名称栏中记为 $Re \times 10^{-4}$，数据栏中可记为 2.5。

(5) 由左至右，按实验测定数据(原始数据)，中间计算数据(间接数据)及实验结果等次序排列(也可以分开拟定表格记录)，这样便于记录及计算整理数据。

4.1.3 数据的计算

数据计算应采用常数归纳法，这种计算方法可使繁变简，节省时间，减少差错，即将计算公式中的许多常数归纳为一个常数。

例如：
$$Re = \frac{du\rho}{\mu}, \quad u = \frac{V_s}{\frac{\pi}{4}d^2}$$

故：
$$Re = \frac{4\rho V_s}{\pi d\mu} = BV_s$$

式中　Re——雷诺数，无因次；

　　　　d——管径，m；

　　　　u——流体平均流速，m/s；

　　　　ρ——流体密度，kg/m^3；

　　　　μ——流体黏度，$Pa \cdot s$；

　　　　V_S——流体的体积流量，m^3/s。

计算时先求出 B 常数值，将其代入式中，很快算出 Re 值。

4.2　实验数据图示法

图示法是以曲线或直线的形式简明地表达实验结果的常用方法，它的优点是能直观清晰地显示变量间存在的极值点、转折点、周期性及变化趋势，尤其数学模型不明或解析计算有困难的情况下，图示法是数据处理的有效方法。

图示法的关键是在于坐标的合理选择，包括坐标分度的确定，坐标选择不适当，将导致错误的结论。

4.2.1　坐标纸的选择

化工常用的坐标系为直角坐标、半对数坐标、双对数坐标。

（1）半对数坐标系

如图 4－1 所示，图中纵坐标（y 轴）是分度均匀的普通坐标轴，横坐标（x 轴）是分度不均匀的对数坐标轴。在此轴上，某点与原点的实际距离为该点对应数的对数值，但是在该点标出的值是真数。

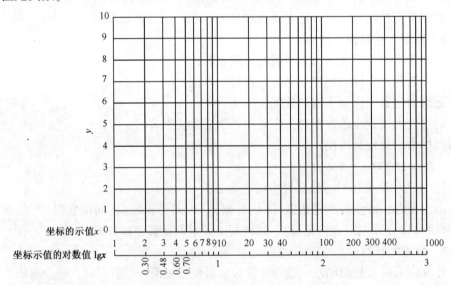

图 4－1　半对数坐标的标度法

（2）对数坐标系

两个轴（x 和 y）都是对数分度的坐标轴，即每个轴的标度都是按上面所述的原则做成的。

一般选择坐标纸的原则是尽可能使函数的图形线性化。

18

① 符合线性函数方程 $y = ax + b$ 的数据，选用直角坐标图纸，可画出一条直线；

② 符合指数函数方程 $y = b^{ax}$ 的数据，经两边取对数可变为 $\lg y = ax \lg b$，选半对数坐标纸，可画出一条直线；

③ 符合幂函数方程 $y = ax^b$ 的数据，经两边取对数可变为

$\lg y = \lg a + b \lg x$，选双对数坐标纸，可画出一条直线。

4.2.2 坐标分度选择

坐标分度是指每条坐标所代表的数值的大小，即坐标比例尺。对于同一套数据，以不同的比例尺绘制，会得到不同形状的曲线。如果比例选择不适当，不仅会使图形失真，而且还有可能得出错误的结论。

例如，已知一组实验数据：自变量 x 1.0 2.0 3.0 4.0 5.0 6.0

因变量 y 8.00 8.10 8.20 8.30 8.10 8.00

若用大、小不同的坐标比例尺，则分别标绘出图 4 – 2(a)、图 4 – 2(b)，其曲线图形完全不同，如果只看曲线的变化趋势，可能得出两种不同的结论。因此，应正确选择坐标分度。

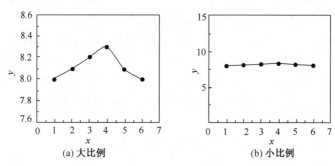

图 4 – 2   不同的坐标比例尺标绘的曲线

坐标分度的正确选择方法：

（1）在已知 x 和 y 的实验数据误差分别为 $D(x)$ 和 $D(y)$ 的条件下，比例尺的取法通常使 $2D(x)$ 和 $2D(y)$ 构成的矩形近似为正方形，并使 $2D(x) = 2D(y) = 2\text{mm}$。根据该原则即可求得坐标比例常数 M。

x 轴比例常数
$$M_x = \frac{2}{2D(x)} = \frac{1}{D(x)}$$

y 轴比例常数
$$M_y = \frac{2}{2D(y)} = \frac{1}{D(y)}$$

其中 $D(x)$，$D(y)$ 的单位为物理量的单位。

例如，上列一组实验数据，自变量 x 的误差 $D(x) = 0.2$，因变量 $D(y) = 0.05$

则 x 轴的坐标分度应为

$$M_x = \frac{1}{D(x)} = \frac{1}{0.2} = 5\text{mm}$$

y 轴的坐标分度应为

$$M_y = \frac{1}{D(y)} = \frac{1}{0.05} = 20\text{mm}$$

于是在这个比例尺中的实验"点"的边长度将等于 $2D(x) = 2 \times 0.2 \times 5 = 2\text{mm}$

高度 $2D(y) = 2 \times 0.05 \times 20 = 2\text{mm}$，见图 4 – 3。

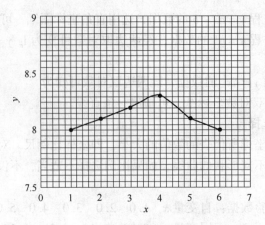

图 4 - 3　正确比例尺标绘的曲线

（2）若实验数据误差不知道时，坐标轴的分度应与实验数据的有效数字位数相匹配，即实验曲线的坐标读数的有效数字位数与实验数据的位数相同。

一般情况下，坐标轴比例尺的确定，既不会因比例常数 M 过大而影响实验数据的准确度，又不会因比例常数 M 过小而造成图中数据点分布异常的假象。

推荐使坐标轴的比例常数 $M = (1、2、5) \times 10^{\pm n}$（$n$ 为正整数），而 3、6、7、8、9 等的比例常数绝不可用，后者的比例常数不但引起图形的绘制麻烦，也易引起错误。若根据数据 x 和 y 的绝对误差 $D(x)$ 和 $D(y)$ 求出的坐标比例常数 M 不正好等于 M 的推荐值，可选用稍小的推荐值，将图适当地画大一些，以保证不因作图而影响数据的准确度。

4.2.3　作图注意事项

（1）横坐标 x 轴，纵坐标 y 轴要标明变量名称、符号和单位；

（2）选择坐标读数的有效数字位数应与实验数据的有效数字位数相同并方便读取；

（3）坐标刻度不一定从 0 开始，应避免图形偏于一侧，即图形应居中于坐标纸；同一坐标纸上，可以有几种不同单位的纵轴分度；

（4）使用对数坐标时应注意，对数坐标轴上的数值为真数，而不是对数，坐标轴的起点为 1，而不是 0；

（5）由于 1、10、100 等的对数，分别为 0、1、2 等，所以在对数坐标纸上每一数量级的距离是相等的，但在同一数量级内的刻度并不是相等分的。在选用对数坐标系时，应严格遵循对数坐标纸标明的坐标系，不能随意将其旋转或缩放使用；

（6）在双对数坐标纸上求斜率，不能直接用坐标的标度来量度，需用对数值来求算，或用尺在坐标纸量取线段长度求取；

（7）所画的曲线尽可能通过较多的实验点，或者使曲线以外的点尽可能位于曲线附近，并使曲线两侧的点数大至相等，描绘的曲线要光滑；

（8）图必须有图号和图题（图名），以便于引用，必要时还应有图注；

（9）若在同一张坐标纸上，同时标绘几组测量值或计算数据，应选用不同符号加以区分曲线（如 *、·、×、○ 等）。

4.3　实验数据函数式

某组实验数据用列表法和图形表示法后，在某些场合需要进一步用数学方程来描述各个参数和变量之间的关系。这种描述方法不但简单，而且便于电算。其方法是将实验中得到的数据绘制成曲线，根据曲线确定经验公式或特征函数关系式中的常数和系数值。经验公式中常数和系数的求法很多，最常用的是直线图解法、平均值法和最小二乘法。以下介绍直线图解法。

4.3.1 直线图解法

当经验公式选定后，按照实验数据确定式中的常数和系数。

（1）幂函数的线性图解

若选定经验公式为幂函数的线性方程式 $y = ax^b$ 时，将实验数据 (x_i, y_i) 在双对数坐标纸上标绘可得出一条直线，依据直线可求出方程中的斜率 b 和截距 a。

① 斜率 b 的确定方法

在双对数坐标上的直线斜率不能直接用坐标标度来度量，因为，在对数坐标上的数值是真数而不是对数，即

$$b \neq \frac{y_2 - y_1}{x_2 - x_1} \qquad (4-1)$$

因此用对数值或用测量法来求算斜率 b 时，其方法如下：

对数值求算法：

在标绘的直线上，取相距较远的任意两点，读取两点 (x_1, y_1) (x_2, y_2) 值后按下式计算直线斜率 b

$$b = \frac{\lg y_2 - \lg y_1}{\lg x_2 - \lg x_1} \qquad (4-2)$$

测量值求算法：

当两坐标轴比例尺相同的情况下，在标绘的直线上，取相距离较远的任意两点，用尺测量出两点之间的水平距离及垂直距离的数值，按下式计算，见图4-4。

$$b = \frac{L_y}{L_x} \qquad (4-3)$$

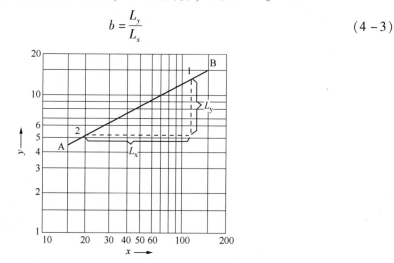

图4-4 对数坐标上直线斜率与截距的图解

② 截距 a 的确定方法

在双对数坐标上，直线与 $x = 1$ 的纵轴相交处的 y 值，即为原方程 $y = ax^b$ 中的 a 值。若所在双对数坐标上标绘的直线不能与 $x = 1$ 处的纵轴相交，则将直线延伸至与 $x = 1$ 的纵轴相

交，读取相交处 $x = 1$ 时的 y 值，或在已求出斜率 b 值之后，按下式计算 a 值。

$$a = y/x^b \qquad\qquad (4-4)$$

（2）指数或对函数的线性图解

若选定经验公式为指数函数（$y = ae^{kx}$）或对数函数（$y = a + b\lg x$）时，将实验数据（x_i，y_i）在半对数坐标纸上标绘，得出一条直线。

① 系数 k 或 b 的求法

在直线上取相距离较远的任意两点，根据两点的坐标（x_1，y_1）、（x_2，y_2）来求直线的斜率 b。

对 $y = ae^{kx}$，纵轴 y 为对数坐标

$$b = \frac{\lg y_2 - \lg y_1}{x_2 - x_1} \qquad\qquad (4-5)$$

$$k = \frac{b}{\lg e} \qquad\qquad (4-6)$$

对 $y = a + b\lg x$，横轴 x 为对数坐标

$$b = \frac{y_2 - y_1}{\lg x_2 - \lg x_1} \qquad\qquad (4-7)$$

② 系数 a 的求法

系数 a 的求法与幂函数中的方法基本相同，可用直线上任意一点处的坐标（x_1，y_1）和已经求出的系数 k 或 b，代入函数关系式后求解。即

$$\text{由 } y_1 = ae^{kx_1} \qquad \text{得 } a = \frac{y_1}{e^{kx_1}} \qquad\qquad (4-8)$$

$$\text{由 } y_1 = a + b\lg x_1 \qquad\qquad \text{得 } a = y_1 - b\lg x_1$$

5　基本操作技能

操作技能是石化生产过程的操作技术，是优化生产或实验，保证产品质量或实验成果，提高经济效益所必须具备的操作技术。没有操作技术，生产过程中操作不当，将造成产量下降或产品质量降低，甚至造成严重的生产事故。而在实验中，实验操作不当将造成实验结果不理想，甚至实验失败。因此，掌握基本操作技能极其重要，本章将主要介绍其相关内容。

5.1　单元设备基本操作技能

流体力学设备操作是石化生产中共有的操作，同一单元操作用于不同的石化生产过程，其控制原理一般是相同的。以下介绍几种典型的单元设备的基本操作。

5.1.1　离心泵的操作

（1）离心泵的启停

离心泵启动前要进行盘车，即用手转动泵轴，检查确认泵轴旋转灵活后方可启动泵，以防止泵转轴被卡住而造成泵启动时电机超负荷被烧毁或发生其他事故；要向泵体内灌满待输送的液体，使泵体内空气排净，以防止发生气缚现象（泵叶轮中心区所形成的真空度不足以将液体吸入泵内），而无法正常运转；启动泵时电动机的电流是正常运转的 5~7 倍，为使启动泵时轴功率消耗最小，避免烧毁电动机，因此离心泵启动前应关闭泵出口阀，使泵在最低负荷状态下启动。

离心泵启动后，应立即查看泵出口压力表是否有压力，若无出口压力，应立即停泵，重新灌泵，排净泵体内空气再启动。若有泵出口压力，应缓慢打开泵出口阀至所需要的流量。

离心泵停车时，也应缓慢关闭泵出口阀，再停电动机，以免高压液体倒流冲击而损坏泵。

（2）离心泵的流量调节

离心泵在正常运行中常常因需求量的增加或减少而改变泵的输送流量，因此，需要对泵的流量进行调节，其常用的调节方法如下：

① 调节泵出口阀的开度

调节泵出口阀的开度实际上是改变管路流体流动阻力，从而改变流量。当调大泵出口阀开度时，管路局部阻力减小，流量增大，当调小泵出口阀门开度，管路局部阻力增大，流量减小，从而达到流量调节目的。这种调节流量的方法快速简便，流量连续可调，应用广泛。其缺点是，减小阀门开度时，有部分能量因克服阀门的局部阻力而额外消耗，在调节幅度较大时还使离心泵处于低效区工作，因此操作上不经济。

应特别注意，不能用减小泵入口阀开度的方法来调节流量，因这种方法极有可能使离心泵发生气蚀，破坏泵的正常工作。

② 改变泵的叶轮转速

从离心泵的特性可知，转速增大则流量增大，转速减小则流量减小，因而改变泵的叶轮转速就可以起到调节流量的作用。这种调节方法，不增加管路阻力，因此没额外的能量消耗，经济性好。缺点是，需要装配有变频（变速）装置才能改变转速，设备费用投入大，通常用于流量较大、调节幅度较大的场合。

③ 改变泵叶轮的直径

改变泵叶轮的直径可以改变泵的特性曲线，由离心泵的切割定律可知，流量与叶轮直径成正比关系。因此，改变叶轮的直径同样可以起到调节流量作用。但更换叶轮很不方便，故生产上很少采用。

5.1.2　干燥过程的调节控制

对于一个特定的干燥过程，干燥器和干燥介质已选定，同时湿物料的含水量、水分性质、温度及要求的干燥质量也一定。这样，能调节的参数只有干燥介质的流量、进出干燥器的温度及出干燥器时的湿度参数，这些参数相互关联和影响，当规定其中的任意两个参数时，另两个参数也就确定了，即在对流干燥操作中，只有两个参数可以作为自变量而加以调节，在实际操作中，通常调节的参数是进入干燥的干燥介质的温度和流量。

（1）干燥介质的进口温度和流量的调节

为了强化干燥过程，提高其经济效益，在物料允许的最高温度范围内，干燥介质预热后的温度应尽可能高一些。同一物料在不同类型的干燥器中干燥时的允许介质进口温度不同，如在转筒、沸腾、气流等干燥器中，由于物料在不断翻动，表面更新快，干燥过程均匀、速率快、时间短。因此，介质的进口温度可较高。而在厢式干燥器中，由于物料处于静止状态，加热空气只与物料表面直接接触，容易使物料过热，应控制介质的进口温度不能太高。

增加空气的流量可以增大干燥过程的推动力，提高干燥速率，但空气流量的增加，会造成热损失增加，热量利用率下降，同时还会使动力消耗增加；气速的增加，还会造成产品回收负荷增加。生产中，要综合考虑温度和流量的影响，合理选择。

（2）干燥介质出口温度和湿度的影响及控制

当干燥介质的出口温度提高时，废气带走的热量增大，热损失大，如果介质的出口温度太低，则废气含有相当多的水汽可能在出口处或后面的设备中达到露点，析出水滴，这将影响干燥的正常操作，可能导致干燥产品的返潮和设备受腐蚀。

离开干燥器的干燥介质的相对湿度提高时，可使一定的干燥介质带走的水汽量增加，但相对湿度提高，会导致过程推动力降低，完成相同的干燥任务所需时间增加或干燥器尺寸增大，使总的费用增大。因此，必须根据具体情况全面考虑。

对于一台干燥设备，干燥介质的最佳出口温度和湿度应通过操作实践来确定，在生产上或实验中控制干燥介质的出口温度和湿度主要是通过调节介质的预热温度和流量来实现。例如，同样的干燥处理量，提高介质的预热温度或加大其流量，都可使介质出口温度上升，相对湿度下降。在设有废气循环使用的干燥装置中，将循环废气与新鲜空气混合进入预热器加热后，再送入干燥器，以提高传热和传质系数，减少热损失，提高热能的利用率。但废气循环利用会使进入干燥器的湿度增大，干燥过程的传质推动力下降。因此，废气循环操作时，应在保证产品质量和产量的前提下，适宜调节废气循环比。

5.2　仪器设备的使用

5.2.1　流量、温度、压力的测控

流量、温度、压力在调节前要弄清其控制点、控制目的和阀门的开关方向，各测量仪器本身存有一定的滞后问题。因此，控制其各参数时应采取缓慢调节的方法，同时注意观察其

调节参数的变化情况，否则，被调节参数难于稳定在所需的控制值。

若采用液柱式压强计测量压力时，在使用之前，要先将液柱式压强计里的空气排净，并读出基准面数值后方可使用。

5.2.2 电压或电流调节器

在电源开关与设备之间装有电压或电流调节器的情况下，在接通电源开关之前，一定要先检查电压或电流调节器是否置于"零位状态"，否则，接通电源开关时，设备将在较大功率下运行，有可能造成设备损坏。如萃取实验装置中的无级调速器的"调速旋钮"若是在位于最大转速处合电源开关，此时塔内的旋转装置将产生"飞速旋转"而损坏设备。

5.2.3 电热器使用

在电热器开启之前，一定要按实验的操作规程进行检查，符合条件后才能开启电热器加热。否则，会烧坏设备。

例如，传热实验中的空气电热器，在开启之前，应检查风机是否已经启动。否则，在无空气流动的情况下，开启电热器加热，电热器的热量不能及时被取走，将造成电热器被烧毁。实验完毕应先关电热器。

5.3 实验异常现象、原因及处理方法(表5-1)

表5-1 实验异常现象、原因及处理方法

实验项目	异 常 现 象	原 因	处 理 方 法
雷诺演示实验	层流状态下观察： ① 指示液不呈直线流动 ② 指示液向管道底部逐渐沉降流动或流动不稳定 ③ 指示液流动呈直线靠贴管壁摇摆流动	① 高位槽进水流量过大，槽液面波动 ② 指示液浓度过大或水流速过小 ③ 实验装置受周围环境的震动影响，或受碰撞	① 减小高位槽进水量，稳定槽液面 ② 稀释指示液，调节适宜水流速 ③ 尽可能避免周围环境的影响
流体流动能量转换实验	① 实验中高位槽水液面升高或下降 ② 全关实验管路出口阀 A、B、C、D 各测压管两次的读数差值较大值	① 高位槽进水流量过大，实验管路出口流量小，下降则反之 ② 高位槽液面不稳定	① 调节高位槽进水阀或实验管路出口阀，恒定高位槽液面 ② 控制高位槽液面恒定
流体流动阻力测定实验	① 离心泵噪音大，泵进、出口压力显示不正常 ② 在流量等于零时，倒U形压差计调不到压差为零	① 频率表的切换按钮按错，使离心泵叶轮倒转 ② 测压管路有空气	① 关闭泵出口阀，停泵，检查频率指示灯是否显示在正转(FWD)，若显示反转(REV)状态，则通过切换按钮(FWD/REV)调节至正转(FWD)状态 ② 增大测压管路的流量，排净空气
离心泵综合实验	① 压力表波动大，难以读数 ② 测压差的仪表不为零 ③ 启动泵后，噪音大，泵出口没压力显示	① 压力表一般都要有一段缓冲管，但本实验装置没有缓冲管 ② 仪表本身有误差 ③ 泵体有空气，泵入口真空度不足于将液体吸入泵内使泵抽空	① 压力表的阀门尽量关小，能测到数据即可 ② 应把初始值记下，实验完毕再进行校正 ③ 灌泵，把泵体内空气排净，重新启动

5.4　实验安全基本知识

油气储运工程实验是一门实践性较强的课程。使学生学习实验安全基本知识、掌握必要的安全常识，避免事故发生，是实验教学不可缺少的内容。因此，以下介绍实验安全基本知识。

5.4.1　防火知识

（1）所有人员不准在实验室吸烟，不携带引火物入实验室；实验使用的药品不随意乱倒，应集中回收处理；剩余的易燃药品必须保管好，不得随意乱放。

（2）油气储运工程实验室火灾的隐患除了易燃化学药品外，还有电器设备和电路等，因此，实验前要检查电器设备的安全情况。

（3）用电进行高温加热的实验操作过程中必须有人坚守操作岗位，以防万一发生意外火灾。

（4）实验中若发现不正常的异味及不正常响声应及时对正使用的仪器、设备及实验过程和周围环境进行检查，若发现问题及时处理。

（5）熟悉消防器材的使用方法，一旦发生火情，应冷静判断并采取有效措施灭火。

5.4.2　用电安全知识

（1）实验之前，必须了解室内总电闸与分电闸的位置，便于出现用电事故时能及时切断电源。

（2）接触或操作电器设备时，手必须干燥，所有的电器设备在带电时不能用湿布擦拭，更不能有水落于其上，不能用试电笔去试高压电。

（3）电器设备维修及更换保险丝时，一定要先拉下电闸后再进行操作。

（4）电源或电器设备上的保护熔断丝或保险管都应按规定电流标准使用，不能任意加大，更不允许用铜丝或铝丝代替。

（5）在实验过程中，如果发生停电现象，必须切断电闸。以防操作人员离开现场后，因突然供电而导致电器设备在无人监视下运行发生意外及电事故。

5.4.3　灭火器材的选用方法

灭火器材的选用是根据火灾的大小，燃烧物的类别及其环境情况所决定。

（1）泡沫灭火器

泡沫灭火器主要用于扑灭固体和液体着火（如汽油、苯、丙酮等着火）。因它是水溶液易导电并具有一定腐蚀性，所以不宜用于电器和贵重仪器的灭火，若用于扑灭电器设备的着火时，必须事先切断电源，否则有触电危险。

（2）二氧化碳灭火器

二氧化碳灭火器可用于电器设备和贵重仪器着火时的扑救。使用二氧化碳灭火器时，不要用手接触壳体以免冻伤，还要站在火的上风头，以免自己因缺氧而窒息。

（3）四氯化碳灭火器

四氯化碳的导电性很差，可以用来扑救电器设备着火，也可用于扑救少量可燃液体的着火。使用四氯化碳灭火器时要注意以下两点：

①不能用于扑救钾、钠、镁、电石及二硫化碳的着火，因为四氯化碳在高温下与这些

物质接触可能发生爆炸。

② 四氯化碳本身有毒，在高温下能产生剧毒的光气，使用四氯化碳灭火器时，要站在上风头，在室内使用时要打开窗子。

（4）干粉灭火器

它是一种高效灭火剂，适用于一般火灾、可燃液体火灾及带电设备火灾。使用时先拔去二氧化碳钢瓶上的保险锁，一手紧握喷嘴对准火焰，一手将提环拉起使二氧化碳气进入机桶，带着干粉经胶管由喷嘴喷出。

6 雷诺演示实验

6.1 实验目的

(1) 观察认识流体的层流、湍流两种流动类型和流体在管内作层流流动时的流速分布。
(2) 掌握雷诺数 Re 的测定方法。
(3) 验证层流、湍流类型下的雷诺数值及流动类型转变时的临界雷诺数。

6.2 实验原理

(1) 流体流型的观察

流体流动过程中具有两种不同流型,即层流(滞流)和湍流(紊流)。流体质点作平行于管轴的直线运动,这种流型称为层流。流体质点在沿管轴流动的同时还做杂乱的运动,这种流型称为湍流。

实验流体以水为介质,水流经的管路为玻璃管,指示液为红色,玻璃管路上设有调节阀。当保持较小的调节阀开度,玻璃管内水流速度较小时,开指示液调节阀,此时可观察到水流中心处有指示液成一直线平稳地流过,如图 6-1(a) 所示。当逐渐调大水流速度到某临界值时,可观察到指示液的直线逐渐出现波浪形,随着水流速度的继续增大,指示液线条消失并与水完全混合在一起,如图 6-1(b) 所示。

(2) 层流流体管内流速分布的观察

流体在管内流动时,其质点的流速沿管径而变化。作层流流动的流体在管壁处流速为零,离开管壁时流速逐渐增大,管中心处的流速最大,其流速沿管径分布为一条抛物线。如图 6-2 所示。

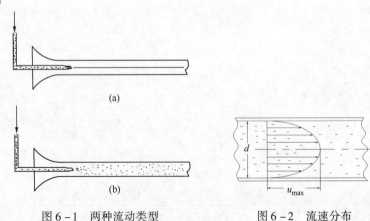

图 6-1　两种流动类型　　　　　　图 6-2　流速分布

(3) 流型的判据——雷诺数

若用不同的管路和不同的流体分别实验,可发现影响流体流动形态的因素不仅是流速

u，而且还有管径 d、流体的黏度 μ 和密度 ρ。把这些影响因素组合成 $\dfrac{du\rho}{\mu}$ 的形式，称为雷诺数，并以 Re 表示，即

$$Re = \frac{du\rho}{\mu} = \frac{du}{v} \tag{6-1}$$

式中　　u——流速，m/s；

　　　　μ——黏度，Pa·s；

　　　　ρ——密度，kg/m³；

　　　　v——运动黏度，m²/s；

　　　　d——管径，m。

　　流体的流型可以用雷诺数来判断。当 $Re \leqslant 2000$ 时，流体的流型属于层流；当 $Re \geqslant 4000$ 时，流体的流型属于湍流；而 Re 在 2000 ~ 4000 的范围内，流体的流型可能是层流，也可能是湍流；这一范围称为不稳定的过渡区。

6.3　实验装置与设备参数

（1）实验流程

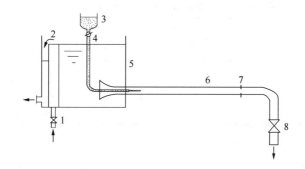

图 6 - 3　雷诺实验流程图

1—进水阀；2—溢流管；3—指示液瓶；4—指示液出口阀；5—水箱；
6—玻璃管；7—孔板流量计；8—水出口阀

（2）设备参数

实验管道有效长度：$L = 600\text{mm}$

　　　　　　　外径：$D_o = 30\text{mm}$

　　　　　　　内径：$D_i = 24.5\text{mm}$

流量计孔板内径：$d_0 = 9.0\text{mm}$

　　　　流量系数：第一套　0.592

　　　　　　　　　第二套　0.643

6.4　实验方法

（1）观察流体流动类型

① 关闭水出口阀，打开进水阀，使自来水充满水箱，并有一定的溢流量；

② 逐渐打开水出口阀，让水缓慢流过实验管道；

③ 适当打开指示液出口阀，即可看到当前水流量下实验管路内水的流动类型，此时记录流体的流量；

④ 缓慢调大水的流量，并同时根据实际情况适当调整指示液的流量，即可观察到各水流量下的流动类型，记录各流动类型下的水流量。

（2）流体速度分布演示

① 关闭水出口阀；

② 打开指示液出口阀，使指示液在管道内聚集 2~3cm；

③ 打开水出口阀，保持管内流体呈层流流动，在实验管路中就可清晰地看到指示液沿水流方向所形成的抛物线。

6.5 实验数据记录

（1）基本数据记录。

（2）实验数据列表，见表 6-1。

表 6-1 雷诺实验数据

项目 序号	压差				流动 类型	流量/ (m^3/s)	流速/ (m/s)	Re
	左/mmH_2O	右/mmH_2O	ΔR/mmH_2O	Δp/Pa				
1								
2								
3								
4								
5								

6.6 思考题

（1）影响流体流型的因素有哪些？

（2）如何判断流体的流型？

第2篇 流体力学和传热实验

7 流体流动能量转换实验

7.1 实验目的

(1) 熟悉流体在流动中各种能量和压头的概念及转换关系，加深对柏努利方程的理解。
(2) 观察流速随管径变化的规律。

7.2 实验原理

流体流动时具有三种机械能：位能、动能、静压能，它们之间可以相互转换。不可压缩流体在管道内做连续的稳定流动时，在无摩擦作用的理想条件下，机械能守恒方程为

$$gZ_1 + \frac{p_1}{\rho} + \frac{1}{2}u_1^2 = gZ_2 + \frac{p_2}{\rho} + \frac{1}{2}u_2^2 \qquad (7-1)$$

$$Z_1 + \frac{p_1}{\rho g} + \frac{u_1^2}{2g} = Z_2 + \frac{p_2}{\rho g} + \frac{u_2^2}{2g} \qquad (7-2)$$

上式称为柏努利(Bernoulli)方程。

式中　Z_1、Z_2——管道两不同截面流体的位压头，m 液柱；

　　　p_1、p_2——管道两不同截面流体的压强，Pa；

　　　u_1、u_2——管道两不同截面流体的平均流速，m/s；

　　　ρ——流体的密度，kg/m³。

实际流体流动时因内摩擦力而导致的机械能损失应在机械能衡算时计入，则无外加功的流体流动机械能衡算式为

$$Z_1 + \frac{p_1}{\rho g} + \frac{u_1^2}{2g} = Z_2 + \frac{p_2}{\rho g} + \frac{u_2^2}{2g} + h_{f1-2} \qquad (7-3)$$

式中　h_f——以单位重量为衡算基准的损失压头，m 液柱。

机械能可用测压管中的一段液柱高度来表示。在流体力学中，把表示各种机械能的液柱高度称为"压头"，表示位能的称为位压头，表示动能的称为动压头，表示压力能的称为静压头，表示损失的机械能称为损失压头。

当测压管开口方向与流体流动方向垂直时，测压管内的液柱高度即为静压头，它反映测压点处静压强的大小，如实验装置的 A、B、C、D 测压管。

当测压管口正对流体流动方向时，测压管内的液柱高度即为冲压头，它反映测压点处冲

压头的大小,如实验装置的 A_1、B_1、C_1、D_1 测压管。

无外加功时,任何两个截面上的位压头、动压头和静压头总和之差为损失压头,它表示流体流经两个截面之间时机械能损失的大小。

7.3 实验分析

(1) 冲压头的分析

冲压头为静压头与动压头之和,由实验观测到在 A_1、B_1、C_1 截面上的冲压头依次下降,这符合下式所示的从截面 1 至截面 2 的柏努利方程。

$$\left(\frac{p_1}{\rho g}+\frac{u_1^2}{2g}\right)=\left(\frac{p_2}{\rho g}+\frac{u_2^2}{2g}\right)+h_{f1-2} \tag{7-4}$$

(2) A、B 截面间静压头的分析

A、B 两截面同处于一水平位置,即 $Z_A=Z_B$。由于 B 截面面积比 A 截面面积大,则 B 处的流速比 A 处小。若流体从 A 流到 B 的压头损失为 h_{fA-B},A、B 两截面间的柏努利方程为

$$\left(\frac{p_A}{\rho g}+\frac{u_A^2}{2g}\right)=\left(\frac{p_B}{\rho g}+\frac{u_B^2}{2g}\right)+h_{fA-B}$$

$$\left(\frac{p_A}{\rho g}-\frac{p_B}{\rho g}\right)=\left(\frac{u_B^2}{2g}-\frac{u_A^2}{2g}\right)+h_{fA-B} \tag{7-5}$$

即两截面处的静压头差,决定于 $\dfrac{u_B^2}{2g}-\dfrac{u_A^2}{2g}$ 和 h_{fA-B}。

(3) C 与 D 截面间静压头的分析

当出口阀全开时,在 C、D 两截面间列柏努利方程,由于 C、D 截面积相等,即 C、D 截面流体动能相同,故

$$\left(\frac{p_D}{\rho g}-\frac{p_C}{\rho g}\right)=(z_C-z_D)-h_{fC-D} \tag{7-6}$$

即两截面处的静压头差,决定于 (Z_C-Z_D) 和 h_{fC-D},当 (Z_C-Z_D) 大于 h_{fC-D} 时,静压头差为正值,反之静压头差为负值。

(4) 压头损失的计算

当出口阀全开时,以 C 到 D 的压头损失 h_{fC-D} 为例,在 C、D 两截面间列柏努利方程得

$$\frac{p_C}{\rho g}+\frac{u_C^2}{2g}+Z_C=\frac{p_D}{\rho g}+\frac{u_D^2}{2g}+Z_D+h_{fC-D} \tag{7-7}$$

压头损失的算法之一是用冲压头来计算:

$$h_{fC-D}=\left[\left(\frac{p_C}{\rho g}+\frac{u_C^2}{2g}\right)-\left(\frac{p_D}{\rho g}+\frac{u_D^2}{2g}\right)\right]+(Z_C-Z_D) \tag{7-8}$$

压头损失的算法之二是用静压头来计算:

$$\because \quad u_C=u_D$$

$$\therefore \quad h_{fC-D}=\left(\frac{p_C}{\rho g}-\frac{p_D}{\rho g}\right)+(Z_C-Z_D) \tag{7-9}$$

7.4 实验装置与设备参数

（1）设备参数

项目	截面内径/mm				以 D 截面中心为基准面/mm
	A	B	C	D	
第一套	14	28	14	14	$Z_D = 0$ $Z_{A,B,C} = 110$
第二套	14	28	14	14	$Z_D = 0$ $Z_{A,B,C} = 120$

（2）实验装置

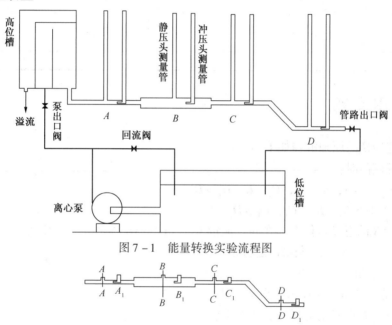

图 7 - 1　能量转换实验流程图

图 7 - 2　测压管开口方向示意图

7.5 实验方法及注意事项

（1）实验方法

① 向低位水槽注入蒸馏水至 3/4 高度；

② 关闭泵出口阀及管路出口阀后启动离心泵；

③ 缓慢打开泵出口阀，当高位水槽溢流口有适宜的溢流量后，全开管路出口阀；

④ 待流体流动稳定后，记录各测压管内的水柱高度；

⑤ 依次关小、再关小、全关管路出口阀，分别读取记录各测压管内的水柱高度；

⑥ 分析讨论流体在各截面之间的能量转换关系；

⑦ 实验完毕，关闭泵出口阀，关闭离心泵。

(2) 实验注意事项

① 不要将泵出口阀开得过大，以免水流冲出高位槽外面，导致高位槽液面不稳定；

② 关小管路出口阀时操作要缓慢，避免流量突然减小，使测压管中的水溢出管外；

③ 注意排净管路与测压管内的空气泡。

7.6 实验数据记录

（1）基本数据记录。

（2）实验数据列表，见表 7-1。

表 7-1 能量转换实验实验数据

阀门操作	水柱高度	A 截面		B 截面		C 截面		D 截面	
		A	A_1	B	B_1	C	C_1	D	D_1
全开阀门	h_1								
关小阀门	h_2								
再关小阀门	h_3								
全关阀门	h_4								

7.7 思考题

用机械能转换的原理解释如下问题：

（1）全开阀门时：

① 为什么 $A_1 > A$，$B_1 > B$，$C_1 > C$，$D_1 > D$？

② 为什么 $A_1 > B_1$，$B_1 > C_1$，$C_1 > D_1$？

③ ΔA、ΔB 的意义是什么？在同一流量下，ΔA 与 ΔB 哪个大，为什么？

④ 在同一流量下，ΔA 与 ΔC 是否相等，为什么？

（2）全关阀门时：

① 各点是否同高，为什么，意义是什么？

② 比较 C、D 两点的静压头，哪个大？

（3）随着流量减少，各点的高度变化如何，为什么？

8 流体流动阻力测定实验

8.1 实验目的

（1）学习流动阻力引起的压强降 Δp_f 和摩擦系数 λ 的测定方法。

（2）了解摩擦系数 λ 与雷诺数 Re 和相对粗糙度 $\frac{\varepsilon}{d}$ 之间的关系及变化规律。

（3）掌握对数坐标的使用方法，画出 $Re \sim \lambda$ 关系图。

8.2 实验原理

流体在管路中流动时将会引起阻力损失，阻力损失包括直管阻力损失和局部阻力损失。阻力损失的大小与流体本身的物理性质、流动状况及流道的形状及尺寸等因素有关。

阻力损失 h_f 可通过对两截面之间列柏努利方程式求得，对水平等径直管，因为 $Z_1 = Z_2$

$$u_1 = u_2$$

所以

$$\frac{p_1 - p_2}{\rho} = \frac{\Delta p_f}{\rho} = \lambda \frac{L}{d} \frac{u^2}{2} \tag{8-1}$$

故

$$\lambda = \frac{2d}{L\rho} \frac{\Delta p_f}{u^2} \tag{8-2}$$

$$Re = \frac{du\rho}{\mu} \tag{8-3}$$

式中　d——管径，m；

　　　L——管长，m；

　　　u——流体速度，m/s；

　　Δp_f——直管阻力引起的压降，Pa；

　　　ρ——流体密度，kg/m^3；

　　　μ——流体黏度，Pa·s；

　　　λ——摩擦系数；

　　　Re——雷诺数。

8.3 实验装置与设备参数

（1）实验装置

如图8-1，水泵将储水槽中的水抽出，送入实验系统，经转子流量计测量流量，然后送入被测直管段，测量流体流动的阻力，经回流管流回储水槽。被测直管段流体流动阻力引起的压强降 Δp_f 可根据其数值大小，分别采用压差变送器或空气—水倒 U 形管压差计来测量。

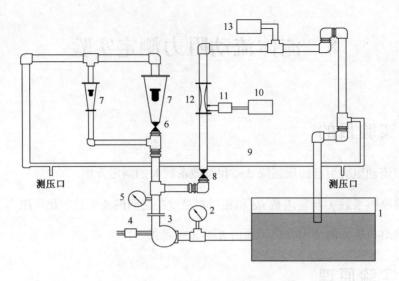

图 8 – 1　流体力学综合实验装置流程示意图

1—水箱；2—真空表；3—离心泵；4—功率表；5—压力表；6，8—流量调节阀；

7—转子流量计；9—阻力测试管；10—显示仪表；11—压差变送器；12—文丘里流量计；13—涡轮流量计

（2）设备的主要技术数据

① 被测直管段

第一套管径	0.00820m	
管长	1.600m	材料：不锈钢
第二套管径	0.00800m	
管长	1.600m	材料：不锈钢
第三套管径	0.00800m	
管长	1.600m	材料：不锈钢
第四套管径	0.00820m	
管长	1.600m	材料：不锈钢
第五套管径	0.00740m	
管长	1.600m	材料：不锈钢
第六套管径	0.00740m	
管长	1.600m	材料：不锈钢

② 玻璃转子流量计

型　号	测量范围	精度
LZB – 25	100 ~ 1000L/h	1.5
LZB – 10	10 ~ 100L/h	2.5

③ 离心清水泵

型号：WB70/055　流量：20 ~ 200L/h　扬程：19 ~ 13.5m

电机功率：550W　电流：1.35A　电压：380V

36

8.4 实验方法与注意事项

（1）实验方法

① 向储水槽内注入蒸馏水，其液面为水槽高度的 3/4。

② 接通电源，进行仪表预热 10～15min，记录数显仪表的初始值后，方可启动泵做实验。

③ 改变 15～20 次流量，并测取流量、压差、水温等数据。当流量读数小于 100L/h 时，用倒 U 形压差计测量其数据（倒 U 形压差计使用前应排净内存有的空气）。

④ 待数据测量完毕，关闭流量调节阀、停泵、切断电源。

（2）注意事项

① 利用压力传感器测大流量下 Δp_f 时，应关闭测压系统 B1、B2 两阀门（见图 8－2），否则影响测量数值。

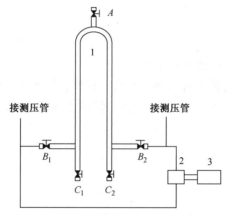

图 8－2　测压系统示意图

1—倒 U 形管压差计；2—压差变送器；3—显示仪表

② 在实验过程中，每调节一个流量，应待仪表数据稳定后方可记录。

8.5 实验数据记录

（1）基本数据记录。

（2）实验数据列表，见表 8－1。

表 8－1　流体流动阻力测定实验

数据数显压差读数初始值：　　　kPa

序号	流量/（L/h）	直管压差 Δp			流速 u/（m/s）	Re	λ
		/kPa	/mmH$_2$O	/Pa			
1							
2							
3							
4							
5							

序号	流量/(L/h)	直管压差 Δp			流速 u/(m/s)	Re	λ
		/kPa	/mmH$_2$O	/Pa			
6							
7							
8							
9							
10							
11							
12							
13							
14							
15							

8.6　思考题

（1）启动离心泵前要注意什么问题？

（2）使用倒 U 形压差计前为什么要进行排气操作？如何排气？

（3）测压孔的大小与位置、测压导管的粗细与长短对实验结果有无影响？

9 离心泵综合实验

9.1 实验目的

(1) 熟悉离心泵的操作，了解离心泵的结构和特性。

(2) 了解流量计的构造、安装和使用方法，掌握流量计的标定方法。

(3) 测定文丘里流量计流量与压差的关系及流量系数 C_0 与雷诺准数 Re 的关系。

(4) 测定离心泵在恒定转速下的特性曲线。

(5) 测定管路的特性曲线。

9.2 实验原理

(1) 流量计的标定

用涡轮流量计作为标准流量计来标定文丘里流量计的流量 V_s，每一个流量在压差计上都有一对应的读数，将压差计读数 Δp 和流量 V_s 在双对数坐标纸上绘制成一条曲线，即流量标定曲线。同时用上式整理数据可进一步得到 $C_0 - Re$ 关系曲线。

① 流量 V_s 的计算

$$V_s = \frac{f}{K} \qquad (9-1)$$

式中 f——涡轮流量计的频率 Hz，$1/s$；

K——涡轮流量计常数，$1/L$。

② 流体通过文丘里流量计时产生的压强差，它与流量的关系为

$$V_s = C_0 A_0 \sqrt{\frac{2\Delta p}{\rho}} \qquad (9-2)$$

式中 V_s——被测流体(水)的体积流量，m^3/s；

C_0——流量系数，无因次；

A_0——流量计节流孔截面积，m^2；

Δp——文丘里流量计压差，Pa；

ρ——被测流体(水)的密度，kg/m^3。

③ 雷诺数计算

$$Re = \frac{du\rho}{\mu} \qquad (9-3)$$

(2) 离心泵性能测定

离心泵的主要性能参数的流量、压头、轴功率及效率，其间的关系可由实验测得，测出的关系曲线称为离心泵的特性曲线。离心泵的特性曲线一般由 $H-Q$、$N-Q$、$\eta-Q$ 三条曲线组成。

① $H - Q$ 曲线

在泵的入口和出口之间列柏努利方程

$$Z_1 + \frac{p_1}{\rho g} + \frac{u_1^2}{2g} + H = Z_2 + \frac{p_2}{\rho g} + \frac{u_2^2}{2g} + H_f \qquad (9-4)$$

$$H = (Z_2 - Z_1) + \frac{p_2 - p_1}{\rho g} + \frac{u_2^2 - u_1^2}{2g} + H_f \qquad (9-5)$$

上式中 H_f 是泵的入口和出口之间的流体流动阻力，与柏努利方程中其他项比较，H_f 值很小，故可忽略，同时 $u_1 = u_2$，于是上式变为

$$H = (Z_2 - Z_1) + \frac{p_2 - p_1}{\rho g} \qquad (9-6)$$

将不同的流量下测得的 $(Z_2 - Z_1)$ 和 $(p_2 - p_1)$ 的值代入上式即可求得与流量 Q 对应的 H 值。

② $N - Q$ 曲线

功率表测得的功率为电动机的输入功率。由于泵由电动机直接带动，传动效率可视为 1，所以电动机的输出功率等于泵的轴功率。即

泵的轴功率 N = 电动机的输出功率，kW

电动机的输出功率 = 电动机的输入功率×电动机的效率

泵的轴功率 = 功率表的读数×电机效率，kW（电机效率为 60%）

③ $\eta - Q$ 曲线

$$\eta = \frac{N_e}{N} \qquad (9-7)$$

$$N_e = \frac{HV_S\rho g}{1000} = \frac{HV_S\rho}{102} \qquad (9-8)$$

式中　H——泵的压头，m；

　　　N——泵的轴功率，kW；

　　　N_e——泵的有效功率，kW；

　　　η——泵的效率；

　　　g——重力加速度，m/s^2。

（3）管路特性测定

离心泵安装在特定的管路系统中工作时，实际的工作压头和流量不仅与离心泵本身的性能有关，还与管路的特性有关。管路特性可用管路特性方程或管路特性曲线来表达，它表示流体在管路输送过程中所需的能量(压头)与流量的关系。

$$H_e = K + BQ_e^2 \qquad (9-9)$$

式中　$K = \Delta Z + \dfrac{\Delta p}{\rho g}$，$B = \dfrac{8\left(\lambda \dfrac{L}{d} + \sum \zeta\right)}{\pi^2 d^5 g}$

　　　H_e——管路系统所需压头，m；

　　　Q_e——管路系统输送流量，m^3/s；

　　　ΔZ——管路输送流体的高度差，m；

　　　Δp——管路输送流体的压力差，Pa。

管路的特性与管路的布局和操作条件有关，与离心泵的特性无关。

9.3 实验装置与设备参数

（1）实验装置

见流体流动阻力测定实验图 8 – 1。

（2）设备参数

真空表与压强表测压口之间的垂直距离 $h_0 = 0.18m$

主管道管径：0.043m

文丘里喉径：（第 6 套为 0.020m）其余为 0.025m

采用涡轮流量计测量流量，其流量常数为：

第一套　77.496　1/L

第二套　76.813　1/L

第三套　77.799　1/L

第四套　77.698　1/L

第五套　76.983　1/L

第六套　76.695　1/L

9.4 实验方法与注意事项

（1）实验方法

① 向储水槽内注入自来水，直至水位 3/4 高度为止。

② 接通电源，仪表预热 10～15min，记录数字仪表的初始值后，方可启动泵做实验。

③ 关闭流量调节阀 8 及压力表 5 与真空表 2 的阀门。

④ 启动离心泵，缓慢打开调节阀 8 至全开。待系统内流体稳定，即系统内已没有气体，打开压力表和真空表的阀门，在不同流量下测取 15～20 组数据。

⑤ 每次流量同时记录：涡轮流量计、压力表、真空表、功率表、文丘利流量计压差的读数及流体温度。

⑥ 在较大流量下，固定阀 8 的开度，通过调节离心泵电机频率而改变离心泵转速来调节流量，调节范围为 5～50Hz。

⑦ 每改变电机频率一次，记录以下数据：涡轮流量计的频率，泵入口真空度，泵出口压强。

⑧ 实验结束，关闭调节阀，停泵，切断电源。

（2）注意事项

① 该装置应良好地接地。

② 启动离心泵前，关闭压力表和真空表的阀门，以免损坏压强表。

9.5 实验数据记录

（1）基本数据记录。

（2）实验数据列表，见表 9 – 1～表 9 – 3。

表 9 – 1　离心泵性能测定实验数据

水温　　℃　　水密度 ρ =　　kg/m³　　　高度差 h_0 =　　　m

序号	涡轮流量计频率/Hz	入口压力/MPa	出口压力/MPa	电机功率/kW	流量/m³/S	压头/m	泵轴功率/W	泵效率/%
1								
2								
3								
4								
5								
6								
7								
8								
9								
10								

表 9 – 2　流量计性能测定实验数据

序号	涡轮流量计频率/Hz	文丘里流量计压差/kPa	流量/(m³/s)	流速/(m/s)	雷诺数	流量系数
1						
2						
3						
4						
5						
6						
7						
8						
9						
10						
11						

表 9 – 3　离心泵管路特性测定实验数据

序号	电机频率/Hz	涡轮流量计/频率 Hz	入口压力/MPa	出口压力/MPa	流量/(m³/s)	压头/m
1						
2						
3						
4						
5						
6						
7						
8						
9						
10						

9.6　思考题

（1）绘制文丘里流量计的流量与压差之间的关系图以及流量系数 C 与雷诺数 Re 的关系图，应选择什么样的坐标纸？

（2）随着流量的变化，离心泵的进、出口压力将如何变化？

（3）离心泵的流量可用出口阀调节，为什么不用泵的入口阀调节流量？

10　对流传热系数与导热系数测定实验

10.1　实验目的

（1）掌握对流传热系数和导热系数的测定方法，加深对传热过程基本原理的理解。
（2）熟悉温度、压力等仪表的使用及调节方法。
（3）比较不同特性传热面的传热速率，讨论传热面的特性对传热过程的影响。

10.2　实验原理

（1）裸蒸汽管与空气的对流传热系数

如图 10-1 所示，蒸汽管外壁温度 T_W 高于周围空气温度 T_a，所以管外壁将主要以对流传热的方式向周围空间传递热量，传热速率的计算式可表示为

$$Q = \alpha A_W (T_W - T_a) \tag{10-1}$$

式中　A_W——裸蒸汽管外壁总给热面积，m^2；

　　　α——管外壁向周围无限空间自然对流时的对流传热系数，$W/(m^2 \cdot ℃)$。

对流传热系数 α 表示在传热过程中，当传热推动力 $T_W - T_a = 1℃$ 时，单位传热面积上给热量的大小。α 值可根据式（10-1）直接由实验测定。

对流传热系数 α 还可以由各种经验关联式计算，大空间自然对流的对流传热系数 α 常用关联式为

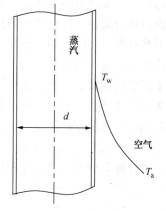

图 10-1　裸蒸汽管外壁向空间给热时的温度分布

$$Nu = c(Pr \cdot Gr)^n \tag{10-2}$$

该式采用 $T_m = \frac{1}{2}(T_W + T_a)$ 为定性温度，管外径 d 为定性尺寸，式中：

努塞尔数　　$$Nu = \frac{\alpha d}{\lambda} \tag{10-3}$$

普朗特数　　$$Pr = \frac{c_p \mu}{\lambda} \tag{10-4}$$

格拉晓夫数　$$Gr = \frac{d^3 \rho^2 \beta g \Delta T}{\mu^2} \tag{10-5}$$

$$\Delta T = T_W - T_a$$

上列各特征数公式中 λ、ρ、μ、c_p 和 β 分别为在定性温度下的空气导热系数、密度、黏度、定压比热容和体积膨胀系数。

对于竖直圆管，式（10-2）中的 c 和 n 值：

当 $Pr \cdot Gr = 1 \times 10^{-3} \sim 5 \times 10^2$ 时，$c = 1.18$，$n = 1/8$；

当 $Pr \cdot Gr = 5 \times 10^2 - 2 \times 10^7$ 时，$c = 0.54$，$n = 1/4$；

当 $Pr \cdot Gr = 2 \times 10^7 - 1 \times 10^{13}$ 时，$c = 0.135$，$n = 1/3$。

（2）保温管保温材料的导热系数 λ

如图 10-2 所示，固体绝热材料圆筒壁的内径为 d，外径为 d'，测试段长度 l，内壁温度为 T_w，外壁温度为 T'_w。则根据导热基本定律，在稳态传热下，单位时间内通过该绝热材料层的热量，即蒸汽管加固体材料保温后的热损失为

$$Q = 2\pi l \lambda \frac{T_w - T'_w}{\ln \dfrac{d'}{d}} \qquad (10-6)$$

式中，d、d' 和 l 均为实验设备的基本参数，只要实验测得 T_w、T'_w 和 Q 值，即可按上式得出固体绝热材料导热系数值：

$$\lambda = \frac{Q}{2\pi l (T_w - T'_w)} \ln \frac{d'}{d} \qquad (10-7)$$

（3）空气夹层保温管的等效导热系数

在工业和实验设备上，除了采用绝热材料进行保温外，也常采用空气夹层或真空夹层进行保温。如图 10-3 所示，在空气夹层保温管中，由于两壁面靠得很近，空气在密闭的夹层内自然对流时，冷热壁面的热边界层相互干扰，因而空气对流流动受两壁面相对位置和空间形状及其大小的影响，情况比较复杂。同时，它又是一种同时存在导热、对流和辐射三种方式的复杂的传热过程。对这种传热过程的研究，一方面对其传热机理进行探讨，另一方面从工程实用意义上考虑，更重要的是设法确定这种复杂传热过程的总效果。因此，工程上采用等效导热系数的概念，将这种复杂传热过程虚拟为一种单纯的导热过程。用一个与夹层厚度相同的固体的导热作用等效于空气夹层的传热总效果。

对于已知 d、d'、l 的空气夹层管，只要在稳态传热下实验测得 Q、T_w 和 T'_w，即可按下式计算得到空气夹层保温管的等效导热系数；

$$\lambda_f = \frac{Q}{2\pi l (T_w - T'_w)} \ln \frac{d'}{d} \qquad (10-8)$$

式中　λ_f——等效导热系数，$W/m \cdot \degree C$；

$T_w - T'_w$——空气夹层两边的壁面温度差，$\degree C$。

真空夹层保温管也可采用上述类同的概念和方法，测得等效导热系数的实验值。

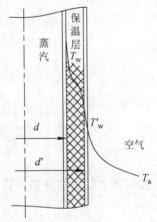

图 10-2　固体材料保温管的温度分布

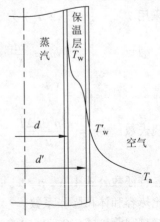

图 10-3　空气夹层保温管的温度分布

44

对于通过空气夹层的热量传递曾有过大量的实验研究，并将实验结果整理成各种准数关联式，下列是其中的一种

$$\lambda_f / \lambda = c(Pr \cdot Gr)^n \qquad (10-9)$$

当 $Pr \cdot Gr = 1 \times 10^3 \sim 1 \times 10^6$ 时，$c = 1.05$，$n = 0.3$；

该式采用 $T_m = \frac{1}{2}(T_w - T'_w)$ 为定性温度，夹层厚度 δ 为定性尺寸，式中 λ_f / λ 为等效导热系数与空气的真实导热系数之比值。

（4）热损失量

不论是裸蒸汽管还是保温层的蒸汽管，均可由实验测得的冷凝液流量求得总的热损失量：

$$Q_s = m_s r \qquad (10-10)$$

式中　m_s——饱和温度下冷凝液流量，kg/s；

　　　r——蒸汽的冷凝热，J/kg。

对于裸蒸汽管，由实测冷凝液流量按上式计算得到的总热损失量 Q_s，即为裸管全部壁面(包括测试管壁面、分液瓶和连接管的表面积之和)的散热量 Q，即：$Q = Q_s$

对于保温蒸汽管，由实测冷凝液流量按上式计算得到的总热损失量 Q_s，应由保温测试段和裸露的连接管与分液瓶两部分造成的。因此，保温测试段的实际的热损失量 Q 按下式计算：

$$Q = Q_s - Q_0 \qquad (10-11)$$

式中　Q_0——测试管下端裸露部分所造成的热损失。可按下式求算：

$$Q_0 = \alpha A_{w0}(T_w - T_a) \qquad (10-12)$$

式中　A_{w0}——测试管下端裸露部分(连接管和分液管)的外表面积，m^2；α、T_w 和 T_a 都已在裸蒸汽管实验时测得。

（5）温度的测量

本实验采用铜—康铜热电偶测量温度，在冷端温度为0℃时，测到热电偶的电位差值 E 后，代入下式即可求得温度

$$T = 0.4747E^2 + 25.363E + 0.2783 \qquad (10-13)$$

10.3　实验装置

（1）本实验装置主要由蒸汽发生器、蒸汽包、测试管和测量与控制仪表四部分组成，如图 10-4 所示。

蒸汽发生器的压力由控压元件调节控制。

蒸汽进入蒸汽包后，分别通向三根垂直安装的测试管。三根测试管依次为裸蒸汽管、固体材料保温管和空气夹层保温管。测试管内的蒸汽冷凝后，冷凝液流入分液瓶。

各测试管的温度测量均采用铜-康铜感温元件，并通过转换开关由数字电压表显示。

（2）设备参数

裸蒸汽管：

　　蒸汽管径　　　　$\phi 12 \times 1.5mm$(铜管)

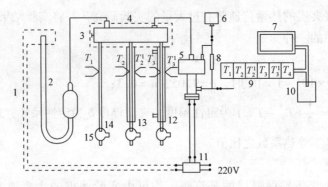

图 10 - 4　裸管和绝热管传热实验仪的装配图

1—控压元件；2—单管水柱压力计；3—放空阀；4—蒸汽包；5—蒸汽发生器；6—注水槽；
7—数字电压表；8—液位计；9—转换开关；10—冰水混合物；11—控压仪；
12—空气夹层保温管；13—固体材料保温管；14—裸管；15—分液瓶

蒸汽管长度　　　　$l = 800mm$

连接管和分液器外表面积　　　$A_{W0} = 0.00758m^2$

固体材料保温管：

内管管径　　　　　$\phi 12 \times 1.5mm$（铜管）

外管管径　　　　　$\phi 50 \times 4.6mm$

保温层长度　　　　$l = 800mm$

裸管部分外表面积　　$A_{W0} = 0.00758m^2$

空气夹层保温管：

内管管径　　　　　$\phi 12 \times 1.5mm$（铜管）

外管管径　　　　　$\phi 32 \times 2.5mm$

保温层长度　　　　$l = 800mm$

裸露部分外表面积　　$A_{W0} = 0.00758m^2$

10.4　实验方法

① 实验测定前，向蒸汽发生器中注入蒸馏水至发生器上部汽化室总高度的 50% ~ 60%，蒸汽发生器内液面切勿低于下部加热室的上沿。

② 加热前记录单管水柱压力计的基准值，然后打开电源开关，将电压调至 180V 左右，开始加热。

③ 当有蒸汽产生时，排净管内不凝气体，把电压调至 100V 左右，将裸管、固体材料保温管、夹层保温管的分液器排气管夹紧。

④ 仔细调节电压和电流，控制蒸汽压力恒定（一般压力波动不大于 5mm 水柱）。

⑤ 待蒸汽压和各点温度维持不变，达到稳定状态后，在一定时间内，用量筒量取蒸汽冷凝量，并重复两次取其平均值。同时分别测量室温、蒸汽压强和测试管上的各点温度等有关数据。

⑥ 在实验过程中，应特别注意保持状态的稳定，还应随时监视蒸汽发生器的液位计，以防液位过低而烧坏加热器。

⑦ 实验结束时，关闭电源，停止加热，将全部放空阀打开。

10. 5　实验数据整理

（1）操作参数

蒸汽压力计读数	$R =$	mm(水柱)
蒸汽压强(绝压)	$p =$	Pa
蒸汽温度	$T =$	℃
蒸汽冷凝热	$r =$	kJ/kg

（2）裸管、固体材料保温管和空气夹层保温管的实验数据（表 10 – 1 ~ 表 10 – 3）

表 10 – 1　裸管实验数据

实验序号	1	2
室温/℃		
冷凝液体积/mL		
受液时间/s		
冷凝液温度/℃		
冷凝液密度/(kg/m³)		
管外壁电位差值 U/mV		
管外壁温度 T_W/℃		

表 10 – 2　固体材料保温管实验数据

实验序号	1	2
室温/℃		
冷凝液体积/mL		
受液时间/s		
冷凝液温度/℃		
冷凝液密度/(kg/m³)		
蒸汽管外壁电位差值 U/mV		
蒸汽管外壁温度 T_W/℃		
套管外壁电位差值 U/mV		
套管外壁温度 T'_W/℃		

表 10 – 3　空气夹层保温管实验数据

实验序号	1	2
室温/℃		
冷凝液体积/mL		
受液时间/s		
冷凝液温度/℃		
冷凝液密度/(kg/m³)		
蒸汽管外壁电位差值 U/mV		
蒸汽管外壁温度 T_W/℃		
套管外壁电位差值 U/mV		
套管外壁温度 T'_W/℃		

（3）实验结果（表 10 – 4 ～ 表 10 – 6）

表 10 – 4　裸管实验结果

冷凝液流量 m_s/(kg/s)	总传热量 Q_L/W	总传热面积 A_W/m²	传热推动力 ΔT/℃	对流传热系数α(实验值)/ [W/(m²·℃)]
定性温度 T_m/℃	定性尺寸 d/m	空气密度 ρ/(kg/m³)	空气黏度 μ/Pa·s	空气比热容 c_P/ [J/(kg·℃)]	空气导热系数 λ/ [W/(m·℃)]	空气体积膨胀系数 β/(1/℃)

| 普朗特数 Pr | 格拉晓夫数 Gr | $Pr·Gr$ | c | n | 对流传热系数α(计算值)/ [W/(m²·℃)] |

表 10 – 5　固体材料保温管实验结果

冷凝液流量 m_s/(kg/s)	热损失量 Q/W	传热推动力 ΔT/℃	导热系数 λ(实验值)/[W/(m·℃)]

表 10 – 6　空气夹层保温管实验结果

冷凝液流量 m_s/(kg/s)	热损失量 Q/W	传热推动力 ΔT/℃	等效导热系数 λ/[W/(m·℃)]
定性温度 T_m/℃	定性尺寸 d/m	空气密度 ρ/(kg/m³)	空气黏度 μ/Pa·s	空气比热容 c_P/[J/(kg·℃)]	空气导热系数 λ/[W/(m·℃)]	空气体积膨胀系数 β/(1/℃)

| 普朗特数 Pr | 格拉晓夫数 Gr | $Pr·Gr$ | c | n | 等效导热系数 λ_f(计算值)/[W/(m·℃)] |

10.6　思考题

（1）将裸管实验中用实验法得到的 α 和利用准数关联式计算出的 α 进行比较，分析产生误差的原因有哪些？

（2）将空气夹层保温管中用实验法得到的 λ_f 和利用准数关联式计算出的 λ_f 进行比较，分析产生误差的原因有哪些？

11　气－汽对流传热实验

11.1　实验目的

（1）掌握对流传热系数 α_i 的测定方法，加深对其概念的理解及影响因素的认识。
（2）了解强化传热的基本理论和基本方式。
（3）用线性回归分析方法，确定关联式 $Nu = ARe^m Pr^{0.4}$ 中常数 A、m 的值。
（4）计算强化比 Nu/Nu_0，比较光滑管与螺旋管的传热效果。

11.2　实验原理

流体被加热或者冷却，一般是通过换热器来实现。换热器的结构形式繁多，性能差异大，我们必须了解换热器性能及影响其性能的主要因素。换热器的传热系数 K 以及对流传热系数 α_i 是反映换热器性能的主要指标，它可以按有关的公式进行计算，其数值与流体的物性、换热器的结构形式及操作参数有关，因此，为了获得较可靠的数据，往往需要进行实验测试。本实验以套管换热器进行对流传热实验。

（1）传热系数的计算

实验过程中采用管外饱和蒸汽冷凝传热，则 $\alpha_i \ll \alpha_o$，若忽略管壁热阻，传热管内的对流传热系数 $\alpha_i \approx$ 热冷流体间的总传热系数 K：

$$K = \frac{Q}{\Delta t_m S} \tag{11-1}$$

式中　Q——传热速率或热负荷，W；
　　　Δt_m——对数平均温度差，℃；
　　　S——传热面积，m^2。

（2）传热速率的计算

$$Q = V\rho_m c_{pm} \Delta t \tag{11-2}$$

式中　ρ_m——空气的平均密度，kg/m^3；
　　　c_{pm}——空气的平均比热容，$kJ/kg \cdot ℃$；
　　　Δt——空气的进出口温度差，℃。

用孔板流量计测定空气流量

$$V_{t_1} = c_o \frac{\pi d_o^2}{4} \sqrt{\frac{2\Delta P}{\rho_{t_1}}} \tag{11-3}$$

式中　V_{t_1}——空气在进口温度下的体积流量，m^3/s；
　　　c_o——孔板流量计孔流系数，$c_o = 0.65$；
　　　d_o——孔板孔径，$d_o = 0.017m$；
　　　Δp——孔板两端压差，Pa；
　　　ρ_{t_1}——空气在进口温度下的密度，kg/m^3。

在实验条件下传热管内空气的实际流量则按下式计算：

$$V = V_{t_1} \times \frac{273 + t_a}{273 + t_1} \tag{11-4}$$

式中　t_a——管内平均温度,℃,$t_a = (t_1 + t_2)/2$;

　　t_1、t_2——空气的进口、出口温度,℃。

（3）对数平均温度差的计算

$$\Delta_{tm} = \frac{(T_w - t_1) - (T_w - t_2)}{\ln \frac{(T_w - t_1)}{(T_w - t_2)}} \qquad (11-5)$$

温度测量：空气进、出口的温度 t_1、t_2 由电阻温度计测量,可由数字显示仪表直接读出,管外壁面平均温度 T_w 由数字式毫伏计测出热电势 E,再由 E 根据下列公式计算得到：

$$T_w = 8.5 + 21.26E \qquad (11-6)$$

（4）传热面积的计算

$$S = \pi dl \qquad (11-7)$$

（5）作图,求准数关联式中的系数 A 和 m

$$Nu = ARe^m Pr^{0.4} \qquad (11-8)$$

（6）强化比的计算

$$Nu/Nu_o \qquad (11-9)$$

式中　Nu——强化管的努塞尔数;

　　Nu_o——普通管的努塞尔数。

Nu/Nu_o 越大,强化传热的效果越好。

11.3　实验装置与设备参数

（1）实验装置(图 11-1)

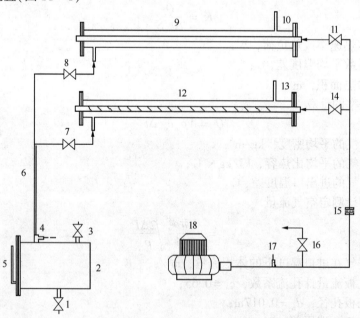

图 11-1　空气-水蒸气传热综合实验装置流程图

1—排水口；2—蒸汽发生器；3—加水口；4—冷凝液回流口；5—液位计；6—蒸汽上升管；

7、8—蒸汽支路控制阀；9—普通套管换热器；10、13—蒸汽放空口；12—有螺旋线圈的套管换热器；

11、14—空气支路控制阀；15—孔板流量计；16—空气旁路阀；17—空气测温点；18—旋涡气泵

（2）实验装置结构参数（表 11 -1）

表 11 -1　实验装置结构参数

换热器内管内径 d_i/mm		20.0
换热器内管外径 d_o/mm		22.0
换热器外管内径 D_i/mm		50.0
换热器外管外径 D_o/mm		57.0
测量段（紫铜内管）长度 l/m		1.0
强化内管内插物（螺旋线圈）尺寸	丝径 h/mm	1.0
	节距 H/mm	40.0
加热釜	操作电压/V	≤200
	操作电流/A	≤10

11.4　实验方法与注意事项

（1）实验方法

实验前的准备工作：

① 向蒸汽发生器加水至液位计上端红线处。

② 向保温瓶中加入适量的冰水，并将热电偶冷端插入冰水中。

③ 全开空气旁路阀，打开一组换热器，保证蒸汽和空气管路畅通。

④ 启动电加热器开关，开始加热。

实验步骤：

① 待有蒸汽进入换热器进行吹扫至蒸汽排出口有蒸汽排出后，启动旋涡气泵。

② 空气入口温度 t_1 比较稳定后调节空气旁路阀（在最小至最大流量范围改变流量5~6）。

③ 每改变 1 次流量，稳定 5min 左右读取实验数据。

④ 上一组"套套管换热器"实验完毕，转换另一组"套管换热器"进行第二次实验，其实验方法重复步骤②、③的操作。

实验结束：

① 停止加热，5min 后关旋涡气泵，并将旁路阀全开。

② 切断总电源。

（2）注意事项

① 由于采用热电偶测温，所以实验前应检查热电偶的冷端，是否全部浸没在冰水中。

② 检查蒸汽加热釜中的水位是否在正常范围内，如果发现水位过低，应及时补充水量。

③ 必须保证蒸汽和空气管路的畅通。即在启动电加热器前，两组换热器控制阀之一必须全开。在转换另一组"套管换热器"时，应先开启需要的支路阀，再关闭原实验的支路阀，防止蒸汽和空气压力过大。

11.5　实验数据记录

（1）基本数据记录。

（2）实验数据列表，见表 11 -2、表 11 -3。

表 11－2 普通管实验数据

名称	项目	1	2	3	4	5	6	7
实验数据	孔板压差/kPa							
	空气入口温度/℃							
	空气出口温度/℃							
	壁面热电势/mV							
	壁面温度/℃							
	管内平均温度/℃							
整理数据	ρ_m/(kg/m³)							
	λ/[W/(m·℃)]							
	c_{pm}/[kJ/(kg·℃)]							
	μ/(Pa·s)							
	管内温差/℃							
	对数平均温差/℃							
	空气实际流量/(m³/s)							
	流速/(m/s)							
	传热量/W							
实验结果	α_i/[W/(m²·℃)]							
	Re							
	Nu_o							
	$Nu_o/Pr^{0.4}$							

表 11－3 强化管实验及数据

名称	项目	1	2	3	4	5	6	7
实验数据	孔板压差/kPa							
	空气入口温度/℃							
	空气出口温度/℃							
	壁面热电势/mV							
	壁面温度/℃							
	管内平均温度/℃							
整理数据	ρ_m/(kg/m³)							
	λ/[W/(m·℃)]							
	c_{pm}/[kJ/(kg·℃)]							
	μ/(Pa·s)							
	管内温差/℃							
	对数平均温差/℃							
	空气实际流量/(m³/s)							
	流速/(m/s)							
	传热量/W							
实验结果	α_i/[W/(m²·℃)]							
	Re							
	Nu							
	Nu/Nu_o							
	$Nu_o/Pr^{0.4}$							

11.6 思考题

（1）螺旋管在传热过程中有什么优缺点？

（2）用热电偶测温要注意什么问题？

12　洞道干燥实验

12.1　实验目的

(1) 熟悉洞道干燥实验装置的构造、流程、工作原理和操作方法。

(2) 了解湿物料临界含水量 X_C 及干燥速率的影响因素,掌握不同干燥阶段的强化干燥途径。

(3) 在恒定干燥操作条件下,测定湿物料干燥曲线、干燥速率曲线及临界含水量 X_C。

(4) 计算恒速干燥阶段湿物料与热空气之间对流传热系数 α 及传质系数 k_H。

12.2　实验原理

干燥是利用加热的方式除去湿物料中湿分(常为水分)的操作,按照加热方式的不同可分为传导干燥、对流干燥、辐射干燥及电加热干燥,其中对流干燥是工业中采用较多的一种干燥操作。

对流干燥通常是利用不饱和热空气作为干燥介质,热空气作为载热体和载湿体,将热量传给湿物料,并转化为湿物料中水分汽化所吸收的潜热或湿物料部分显热,同时带走湿物料中水分气化产生的水蒸气。

干燥实验的主要目的是测定干燥曲线和干燥速率曲线,干燥曲线是表示物料的干基含水量 X(kg 水/kg 绝干物料)和物料表面温度 T 与干燥时间 τ 的关系曲线。干燥速度曲线是表示干燥速率 U[kg 水/($s \cdot m^2$)]与物料干基含水量 X 的关系曲线。为了使实验结果与连续化的稳定生产过程更加接近,通常须营造一个恒定的干燥实验条件,即采用大量的空气干燥少量的物料,因此干燥过程中空气的状态如温度、湿度、气速及流动方式均可视为不变。本实验中的湿物料为安置在洞道内含有一定水分的混纺布物料,干燥介质由风机送至加热器加热到一定温度后送入洞道进行干燥操作,测定并记录湿物料的质量随干燥时间变化,实验进行到物料的质量恒定为止,由实验结果可转化为干燥曲线和干燥速率曲线。

为了便于干燥计算,湿物料的含水量常以绝干物料的质量为基准的干基水量表示,即

$$X = \frac{G - G_C}{G_C} \tag{12-1}$$

$$G = G_T - G_D \tag{12-2}$$

式中　X ——湿物料的干基含水量,kg 水/kg 绝干物料;

　　G ——湿物料的质量,kg;

　　G_C ——绝干物料的质量,kg;

　　G_D ——支撑架的质量,kg;

　　G_T ——湿物料和支撑架的总量,kg。

由实验数据代入式(12-1),求得与干燥时间 τ_i 对应的含水量 X,即可标绘出干燥曲线

$X-\tau$。干燥速率是指单位时间内，单位干燥面积上所汽化的水分质量，即

$$U = \frac{\mathrm{d}W'}{S\mathrm{d}\tau} \qquad (12-3)$$

式中　U——干燥速率，kg 水/$(s \cdot m^2)$；

　　　S——湿物料的面积，m^2；

　　　W'——干燥湿物料操作中汽化的水分质量，kg；

　　　τ——干燥时间，s。

因　　　　　　　$\mathrm{d}W' = -G_C \mathrm{d}X \qquad (12-4)$

所以式(12-4)改写为

$$U = -\frac{G_C \mathrm{d}X}{S\mathrm{d}\tau} \qquad (12-5)$$

式中负号表示湿物料干基含水量 X 随干燥时间的变化方向与 W' 随干燥时间的变化方向相反。

式(12-5)中 $\mathrm{d}X/\mathrm{d}\tau$ 为干燥曲线的斜率，因此可由干燥曲线变换成表达 $U-X$ 关系的干燥速率曲线。

纵坐标干燥速率 U 可用差分式计算，则式(12-5)改写为

$$U = -\frac{G_C \Delta X}{S \Delta \tau} = -\frac{G_C}{S} \times \frac{X_{i+1} - X_i}{\tau_{i+1} - \tau_i} \qquad (12-6)$$

横坐标 X 为两次记录之间的平均含水量 X_{AV}

$$X_{AV} = \frac{X_i + X_{i+1}}{2} \qquad (12-7)$$

干燥速率曲线将显示出干燥过程的如下阶段：

物料预热阶段：湿物料与热空气接触时，温度逐渐升高至空气的湿球温度；

恒速阶段：湿物料的含水量以恒定速度不断减少，即干燥速率保持不变；

降速阶段：湿物料的干燥速率逐渐下降，达到平衡含水量时，干燥速率降为零。

由于预热阶段较为短暂，通常将预热阶段并入恒速阶段，则干燥过程分为恒速阶段和降速阶段，两个阶段干燥速率曲线的交点称为干燥过程的临界点，该交点的含水量称临界含水量 X_C，干燥速率为临界干燥速率 U_C。

影响临界含水量 X_C 的因素有：湿物料的特性、湿物料的形态和大小、湿物料与干燥介质的接触状态以及干燥介质的条件(空气的温度、湿度、气速及流动方式)等因素。

由于恒速干燥阶段湿物料表面和空气间的传热和传质过程与测湿球温度情况基本相同，则可以仿照湿球温度的处理方法，计算恒速干燥阶段湿物料与热空气之间对流传热系数 α 及传质系数 k_H。即

$$\frac{\mathrm{d}Q'}{S\mathrm{d}\tau} = \alpha(t - t_w) \qquad (12-8)$$

$$U_C = \frac{\mathrm{d}W'}{S\mathrm{d}\tau} = k_H(H_{s,t_w} - H) \qquad (12-9)$$

实验中恒定空气的温度、湿度、气速及流动方向不变，则传热系数 α 和传质系数 k_H 保持恒定，而且 $(t-t_w)$ 及 $(H_{s,t_w} - H)$ 也为恒定值，所以，湿物料和空气间的传热速率及传质速率均保持不变。

因为，在恒速干燥阶段中，空气传给湿物料的潜热等于水分汽化所需的汽化热，即

$$\mathrm{d}Q' = r_{t_w}\mathrm{d}W' \tag{12-10}$$

将上式代入式(6-77)及式(6-78)整理得

$$U_C = \frac{\mathrm{d}W'}{S\mathrm{d}\tau} = \frac{\mathrm{d}Q'}{r_{t_w}S\mathrm{d}\tau} = k_H(H_{s,t_w} - H) = \frac{\alpha}{r_{t_w}}(t - t_w) \tag{12-11}$$

所以

$$\alpha = \frac{U_C \gamma_{tw}}{t - t_w} \tag{12-12}$$

$$k_H = \frac{U_C}{H_{s,t_w} - H} \tag{12-13}$$

式中　　α——恒速干燥阶段空气对湿物料的给热系数，$W/(m^2 \cdot ℃)$；

Q'——操作中空气传给湿物料的总热量，kJ；

U_C——恒速干燥阶段的干燥速率，kg 水/$(s \cdot m^2)$；

r_{t_w}——湿球温度下水的汽化潜热，kJ/kg；

t——空气干球温度，℃；

t_w——空气的湿球温度，℃；

k_H——以湿度差为推动力的气相传质系数，kg 水/$(s \cdot m^2)$；

$H_{s \cdot t_w} - t_w$——时空气的饱和湿度，kg/kg 绝干空气；

H——空气的湿度，kg/kg 绝干空气。

12.3　实验装置与设备参数

（1）设备参数

洞道截面尺寸：长 170mm，宽 130mm。

干燥物系：湿混纺布料——水。

干燥物尺寸：141mm×82mm。

鼓风机：上海兴益电器厂 BYF7132 型三相低噪声中压风机，最大出口风压为 1.7kPa，电机功率为 0.55kW。

空气预热器：三个电热器并联，每个电热器的额定功率为 450W，额定电压为 220V。

（2）实验装置

12.4　实验方法与注意事项

（1）实验方法

① 适当打开风机空气进口阀 4，全开废气出口阀 6。

② 启动风机，调节废气循环阀 5 或风机空气进口阀 4，使空气流量计压差达到设定值。

③ 将支撑架放在洞道质量传感器上称出其质量。

④ 取出烘箱中绝干物料，用支撑架固定安置在洞道质量传感器上称出绝干物料质量。

⑤ 将已知质量的绝干物料放入水中浸湿，待水分均匀扩散至整个物料后称取湿物料质量。

⑥ 向湿球温度计的蓄水池加入适当水量，注意水量不能过多，以免溢流进洞道内。

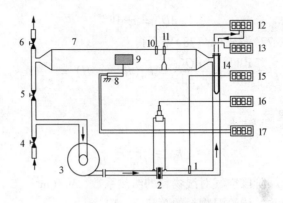

图 12-1 实验装置流程图

1—空气进口温度计；2—孔板流量计；3—风机；4—空气进口阀；5—废气循环阀；
6—废气出口阀；7—洞道干燥器；8—质量传感器；9—被干燥物料；10—干球温度计；
11—湿球温度计；12—干球温度测控仪；13—湿球温度显示仪；14—加热器；
15—进口温度显示仪；16—流量压差显示仪；17—质量显示仪

⑦ 启动空气加热器，待干球温度稳定在某设定温度，空气流量稳定后，把湿物料放进洞道，关闭洞道门，记录质量显示仪表数值，然后每隔 3min 记录数据一次。

⑧ 待湿物料和支撑架的总质量恒定时，即可终止实验。

（2）实验结束

关闭加热器电源，打开洞道门，待干球温度下降至 40℃ 后，停风机。

（3）注意事项

① 在安放试样时，一定要小心保护质量传感器，以免用力过大使传感器造成机械性损伤。

② 为了设备的安全，实验时一定要先开风机，然后启动空气加热器，实验结束时反之。

③ 实验过程中要特别注意观察湿球温度，要注意向放有湿球温度计的蓄水池加水，以免水量过少造成湿球温度偏高。

12.5 实验数据记录(表 12-1)

表 12-1 干燥实验数据

基本数据及操作参数							
项目	撑架质量/ g	绝干物料 质量/g	空气流量 压差/kPa	空气进口 温度/℃	干球温度/ ℃	湿球 温度/℃	干燥面积/ m²	洞道面积/ m²

实验数据记录及整理数据					
项目 序号	累计时间/min	总质量/g	干基含水量/ (kg/kg绝干物料)	平均含水量/ (kg/kg绝干物料)	干燥速率/ [kg/(s·m²)]
1					
2					

56

序号\项目	实验数据记录及整理数据				
	累计时间/min	总质量/g	干基含水量/ (kg/kg绝干物料)	平均含水量/ (kg/kg绝干物料)	干燥速率/ [kg/(s·m²)]
3					
4					
5					
6					
7					
8					
9					
10					
11					
12					
13					
14					
15					
16					

12.6　思考题

（1）如何提高干燥速率？

（2）影响干燥速率的因素有哪些？

（3）干燥必要的条件是什么？

第3篇　油品性质实验

13　石油产品馏程测定实验

13.1　实验目的

(1) 了解石油产品馏程测定的意义。

(2) 掌握初馏点、干点、终馏点、残留量等概念。

(3) 掌握馏程测定原理及实验操作。

(4) 明确主要操作影响因素(阅读附录　馏程测定实验相关内容)。

13.2　测定原理

馏程测定的原理是将一定量试样在规定的仪器及试验条件下，按适合于产品性质的规定条件进行蒸馏，将生成的蒸汽从蒸馏瓶中导出，并系统的观察其馏出温度读数与冷凝液体积，然后以这些数据算出测定结果。

13.3　实验内容和步骤

(1) 实验步骤

测定时，用清洁、干燥的量筒量取 100mL 脱水试样注入洗净、吹干的蒸馏烧瓶中，按规定条件安装好仪器。在蒸馏汽油时，用冰水混合物冷却，水槽温度保持在 0~5℃，验收试验可用冷水冷却；蒸馏溶剂油、喷气燃料、煤油时，用冷水冷却。

调节流出水温不高于30℃；蒸馏凝点高于 -5℃ 的含蜡液体燃料时，控制水温在 50~70℃。用插好温度计的软木塞，紧密地塞在盛有试样的蒸馏烧瓶口内，使温度计和蒸馏烧瓶的轴心线互相重合，并且使水银球的上边缘与支管的下边缘在同一平面。选择合适的石棉垫。蒸馏汽油或溶剂油时用直径为 30mm 内孔径的石棉垫；蒸馏煤油、喷气燃料或轻柴油时用直径为 50mm 的内孔的石棉垫；蒸馏重柴油或其他重质油料时用直径为 40mm 和 50mm 合成的内孔石棉垫；蒸馏烧瓶的支管用软塞与冷凝管上端连接。支管插入冷凝管内的长度要达到 25~40mm，但不能与冷凝管内壁接触。在各连接处涂上火棉胶之后，将瓶罩放在石棉垫上，罩住蒸馏烧瓶。量取过试样的量筒不需经过干燥直接放在冷凝管下面，并使冷凝管下端插入量筒中(暂不互相接触)不得少于25mm，也不得低于100mL 的标线。量筒的口部要用棉花塞好。蒸馏汽油时，要保证馏出物的温度在(20±3)℃。

装好仪器之后，先记录大气压力，如果大气压力高于 770mmHg（102.66kPa）或低于 750mmHg（100.0kPa）时，馏出温度要进行修正。

对蒸馏烧瓶均匀加热，蒸馏汽油或溶剂油时，从开始加热到冷凝管下端滴下第一滴馏出液所经过的时间为 5~10min；蒸馏航空汽油时，为 7~8min；蒸馏喷气燃料、煤油、轻柴油时，为 10~15min；蒸馏重柴油或其他重质油料时，为 10~20min。

第一滴馏出液从冷凝管滴入量筒时，记录此时的温度作为初馏点。初馏点之后移动量筒，使其内壁接触冷凝管末端，让馏出液沿着量筒内壁流下。此后，蒸馏速度要均匀，每分钟馏出 4~5mL，相当于每 10s 馏出 20~25 滴。试验时要记录初馏点、10%、20%、30%、40%、50%、60%、70%、80%、90%、终馏点（干点）。如果试样有技术标准时就按标准记录好温度和量筒中的相应馏出液体积，但事先应根据温度计检定证上的修正数和受大气压力的影响进行修正。在蒸馏汽油或溶剂油的过程中，当量筒中的馏出液达到 90mL 时，允许对加热强度做最后一次调整，要求在 3~5min 内达到干点，2~4min 内达到终点。在蒸馏喷气燃料、煤油或轻柴油的过程，当量筒中的馏出液达到 95mL 时，不要改变加热强度，从 95mL 到终点所经过的时间不超过 3min。蒸馏时，所有读数都要精确至 0.5mL 和 1℃。

试验结束时，取出瓶罩，让蒸馏烧瓶冷却 5min 后，将残留物倒入 5mL 的量筒中冷却到常温时，记录残留物的体积，读出量筒中总馏出物体积，准确至 0.1mL。

（2）馏出温度修正

大气压力高于 102.7kPa（770mmHg）或低于 100.0kPa（750mmHg）时，馏出温度按式（13-1）计算修正值 C：

$$C = 0.0009(101.3 - p)(273 + t) \tag{13-1}$$

式中 p——试验时大气压力，kPa；

t——馏出温度计读数，℃。

在 101.3kPa（760mmHg）时的馏出温度 t_0 按式（13-2）计算：

$$t_0 = t + C \tag{13-2}$$

实际大气压力在 100.0~102.7kPa（750~770mmHg）范围内，馏出温度不需要修正。

13.4 实验数据处理

原始数据记录表见表 13-1。

表 13-1 原始数据记录表

项 目 \ 试油名称	数 值			试验过程情况及现象
	第一次	第二次	平均值（取整）	
初馏点馏出温度/℃				
10%（体）馏出温度/℃				
20%（体）馏出温度/℃				
30%（体）馏出温度/℃				
40%（体）馏出温度/℃				
50%（体）馏出温度/℃				
60%（体）馏出温度/℃				
70%（体）馏出温度/℃				

项　目	试油名称	数　值			试验过程情况及现象
		第一次	第二次	平均值(取整)	
80%(体)馏出温度/℃					
90%(体)馏出温度/℃					
干点(终馏点)温度/℃					
总馏出量(体)/%					
残留量(体)/%					
蒸馏损失(体)/%					

(1) 计算体积平均沸点及恩氏蒸馏 10% ~90% 曲线斜率。

(2) 绘制恩氏蒸馏曲线图。

13.5　实验报告要求

(1) 平行测定的两次结果允许差数：初馏点为 4℃；干点和中间馏分为 2℃；残留物为 0.2mL。

(2) 试油的馏程用平行测定结果的算术平均值表示。

13.6　思考题

(1) 简述下列概念：馏程、初馏点、干点、终馏点、残留量、损失量。

(2) 蒸馏时，从开始加热到第一滴馏出的时间有何要求？请你举出几例。

(3) 蒸馏时温度计的安装要注意什么？

(4) 测定馏程为什么要严格控制加热速度？本试验加热速度控制如何？

(5) 石油产品馏程测定在生产和应用上有何意义？

(6) 馏程测定时的温度计安装正确与否对试验结果有何影响？

(7) 为什么说正确选用石棉垫是控制蒸馏速度的关键？如何正确选用？

(8) 馏程的蒸馏过程是否有分馏作用，为什么？

附录　馏程测定实验相关内容

1. 基本概念

(1) 初馏点　在规定条件下进行蒸馏时从冷凝管末端落下第一滴馏出物的气相温度。

(2) 干点　在规定条件下进行蒸馏测定中，蒸馏瓶底部最后一滴液体完全气化时的温度。

(3) 终馏点　在规定条件下进行蒸馏时，蒸馏温度计的水银柱停止上升并开始下降时温度计所指示的最高温度。

(4) 残留量　指停止蒸馏冷却后存于烧瓶内的残油的体积百分数。

(5) 损失量　指蒸馏进程中因漏气、冷却不好和结焦等造成油品损失的量。

2. 馏程测定的影响因素

(1) 蒸馏速度对馏出温度的影响

测定馏程要严格控制加热速度，不然将对测定结果有很大的影响。因为石油产品馏程的测定是条件试验，根据蒸馏油品馏分轻重的不同，所规定的加热速度也不同。在蒸馏过程中，如果加热速度过快，会产生大量气体，来不及从蒸馏瓶支管逸出时，瓶中的气压大于外界的大气压，读出的温度并不是在外界大气压下试样沸腾的温度，往往要比正常蒸馏温度偏高一些。若加热速度始终过快，最后还会出现过热现象，使干点提高而不易测准。当加热速度过慢时，则各馏出温度都偏低。

正确选用石棉垫，是控制蒸馏速度的关键。不同孔径的石棉垫是根据油品的轻重及蒸馏时所需热量的多少，保证必要的加热面以达到规定的蒸馏速度，可保证蒸馏瓶最后的油面高于加热面，以防过热。

（2）温度计的安装对试验结果的影响

馏程测定法对温度计的安装位置作了规定。因为如果温度计插高了，会因瓶颈的蒸气分子少及受冷空气的影响，使馏出温度偏低；如果温度计插低了，则因高沸点蒸气或因跳溅液滴溅在水银球上而使馏出温度偏高；温度计插歪了，由于瓶壁与瓶轴心有一定温差，使馏出温度偏低。

（3）大气压力对馏出温度的影响

大气压力对油品的汽化有很大影响，油品的沸点随大气压的升高而升高，随大气压的降低而降低。在测定馏程时，对同一油品若在不同大气压下进行测定，则所测得结果也不同。因此，对馏程测定规定在一定大气压下馏出温度不进行修正，而高于或低于规定大气压力范围时则必须进行修正。

此外，影响馏程测定的影响因素还有试油中是否含有水、冷凝器中冷却剂温度的调节等等，将对测定结果有很大影响。

因此，必须严格按照测定法规定的条件进行操作，以保证测定结果的准确。

14 石油和液体石油产品密度计测定实验

14.1 实验目的

(1) 了解石油和液体石油产品密度计测定方法。

(2) 掌握密度、视密度、标准密度、相对密度等概念及换算方法(阅读附录 石油和液体石油产品密度计测定实验相关内容)。

(3) 掌握密度计测定法。

14.2 测定原理

密度计法的测定原理是以阿基米德定律为基础的。当密度计沉入液体时,排开一部分液体,同时受到一个自下而上的浮力的作用。当被密度计所排开的液体质量等于密度计本身的质量时,则密度计处于平衡状态,即漂浮于液体石油产品中。液体密度越大,则密度计漂浮得越高;液体密度越小,则沉得越深。

密度计的制作是在标准温度(20℃)下进行分度的,密度值是在液体与密度计杆管的上弯月面相重合的地方标出。因此,测定时的读数也应该是密度计杆管的上弯月面的相重合处。在温度 t 时所测出的密度为视密度。

14.3 实验内容和步骤

根据试油性质确定测定温度,尽可能在室温下进行。饱和蒸气压高于 600mmHg 的高挥发性试样,应在原容器中冷却至 2℃ 或更低温度下测定,对中等挥发性黏稠试样,应加热到试样具有足够流动性的最低温度下测定。

将试样充分摇匀,在室温下将试样小心地沿壁倾入清洁干燥的量筒中,当试样表面有气泡时,可用一片清洁滤纸除去气泡。装试样量筒应放在没有气流和平稳的地方。然后选择合适的洁净的密度计缓慢地放入试样中,注意液面以上的密度计杆管浸湿不得超过两个最小分度值,以免影响所得读数。待密度计稳定并处于量筒中央时从弯月面上缘读数。如图 3-1,同时测量试样温度。

重复测定时只需将密度计在量筒中轻轻转动一下,再放开,待密度计稳定后读数并测定试样温度。

记录两次测定温度和视密度的结果,密度计读准至 0.0001g/cm³,温度读准到 0.2℃。

测定密度时还可将原试样提高温度后并保持恒温,再进行测定,观察试样结果有何变化。

14.4　实验数据处理

实验数据记录表见表 14 – 1。

表 14 – 1　实验数据记录表

试 油 名 称			
测定温度/℃			
温度系数 γ			
视密度 ρ_t			
密度 d_4^{20} 或 ρ_{20}			
平行试验差数			
测定结果			

根据测得的温度和视密度，由附表(14 – 2)直接查出标准密度 ρ_{20}；或由附表(14 – 3)查出 γ，再由式 14 – 1 算出标准密度 ρ_{20}。

$$\rho_{20} = \rho_t + \gamma(t - 20) \qquad (14 - 1)$$

式中　ρ_t——液体石油产品 t℃时的密度，kg/m^3；

　　　ρ_{20}——液体石油产品 20℃时的密度，kg/m^3；

　　　γ——液体石油产品密度温度系数，即当石油温度每变化 1℃时，其密度的变化值，$(kg/m^3)/℃$；

　　　t——测定温度，℃。

例：测得某试油的密度为 $0.7706g/cm^3$，温度为 28℃，请换算到 20℃时的密度。

(1) 公式法

解：从附表 14 – 1 查得 $0.7706g/cm^3$ 的密度温度系数为 0.00078，代入公式(14 – 1)得：

$$\rho_{20} = 0.7706 + 0.00078(28 - 20) = 0.7768$$

(2) 查表法

解：查附表 14 – 2，视密度纵列 0.7700 和 0.7710，温度横列 28℃得 0.7763 和 0.7770。

密度尾数修正值 = $(0.7770 - 0.7763)/(0.7710 - 0.77) \times (0.7706 - 0.77) = 0.0004$

得 20℃密度为

$$0.7763 + 0.0004 = 0.7767g/cm^3$$

如果视密度和所测温度都不在表载数量时，必须计算密度和温度两个尾数修正值。

14.5　实验报告要求

(1) 测定两个结果之差不大于 $0.0005g/cm^3$

(2) 取两个测定结果的平均值作为测定结果。

14.6　思考题

(1) 简述概念：密度、视密度、标准密度、相对密度。

（2）试叙石油产品密度计法的测定原理。

（3）比较相对密度与标准密度概念。

附录　石油和液体石油产品密度计测定实验相关内容

1. 密度　单位体积（在真空中）石油含有的质量，用"ρ"表示。单位为 g/cm^3、kg/m^3、kg/L 等。

2. 视密度　指在某温度 t（非20℃）下所测得的密度计的读数，用 ρ_t 表示。

3. 标准密度　指石油及液体石油产品在20℃温度下所测得的密度，用 ρ_{20} 表示。

4. 相对密度　在规定的温度下液体石油的密度与水的密度之比。

附表14-1　石油视密度换算表

附表14-1（1）　石油视密度换算表　　　　　　　　　　g/cm^3

20℃密度 视密度 温度/℃	0.7700	0.7710	0.7720	0.7730	0.7740	0.7750	0.7760	0.7770	0.7780	0.7790
10.0	0.7623	0.7633	0.7644	0.7654	0.7664	0.7674	0.7684	0.7694	0.7704	0.7715
11.0	0.7631	0.7641	0.7651	0.7661	0.7672	0.7682	0.7692	0.7702	0.7712	0.7722
12.0	0.7639	0.7649	0.7659	0.7669	0.7679	0.7689	0.7700	0.7710	0.7720	0.7730
13.0	0.7647	0.7657	0.7667	0.7677	0.7687	0.7697	0.7707	0.7717	0.7727	0.7737
14.0	0.7654	0.7664	0.7674	0.7684	0.7695	0.7705	0.7715	0.7725	0.7735	0.7745
15.0	0.7662	0.7672	0.7682	0.7692	0.7702	0.7712	0.7722	0.7732	0.7743	0.7753
16.0	0.7670	0.7680	0.7690	0.7700	0.7710	0.7720	0.7730	0.7740	0.7750	0.7760
17.0	0.7677	0.7687	0.7697	0.7707	0.7717	0.7727	0.7737	0.7748	0.7758	0.7768
18.0	0.7685	0.7695	0.7705	0.7715	0.7725	0.7735	0.7745	0.7755	0.7765	0.7775
19.0	0.7692	0.7702	0.7712	0.7722	0.7732	0.7742	0.7752	0.7762	0.7772	0.7782
20.0	0.7700	0.7710	0.7720	0.7730	0.7740	0.7750	0.7760	0.7770	0.7780	0.7790
21.0	0.7707	0.7718	0.7728	0.7738	0.7747	0.7757	0.7767	0.7777	0.7787	0.7797
22.0	0.7715	0.7725	0.7735	0.7745	0.7755	0.7765	0.7775	0.7785	0.7795	0.7805
23.0	0.7722	0.7733	0.7742	0.7752	0.7762	0.7772	0.7782	0.7792	0.7802	0.7812
24.0	0.7729	0.7740	0.7750	0.7760	0.7770	0.7780	0.7790	0.7800	0.7810	0.7820
25.0	0.7738	0.7747	0.7757	0.7767	0.7777	0.7787	0.7797	0.7807	0.7817	0.7827
26.0	0.7745	0.7755	0.7765	0.7775	0.7785	0.7795	0.7804	0.7814	0.7824	0.7834
27.0	0.7752	0.7762	0.7772	0.7782	0.7792	0.7802	0.7812	0.7822	0.7832	0.7842
28.0	0.7763	0.7770	0.7780	0.7789	0.7799	0.7809	0.7819	0.7829	0.7839	0.7849
29.0	0.7767	0.7777	0.7787	0.7797	0.7807	0.7817	0.7827	0.7836	0.7846	0.7856
30.0	0.7775	0.7784	0.7794	0.7804	0.7814	0.7824	0.7834	0.7844	0.7853	0.7863
31.0	0.7782	0.7792	0.7802	0.7811	0.7821	0.7831	0.7841	0.7851	0.7861	0.7870
32.0	0.7789	0.7799	0.7809	0.7819	0.7828	0.7838	0.7848	0.7858	0.7868	0.7878
33.0	0.7796	0.7806	0.7816	0.7826	0.7836	0.7846	0.7855	0.7865	0.7875	0.7885
34.0	0.7804	0.7814	0.7823	0.7833	0.7843	0.7853	0.7863	0.7873	0.7883	0.7892
35.0	0.7811	0.7821	0.7831	0.7840	0.7850	0.7860	0.7870	0.7880	0.7889	0.7999
36.0	0.7818	0.7828	0.7838	0.7848	0.7857	0.7867	0.7877	0.7887	0.7896	0.7906
37.0	0.7825	0.7835	0.7845	0.7855	0.7864	0.7874	0.7884	0.7894	0.7904	0.7913
38.0	0.7832	0.7842	0.7852	0.7862	0.7872	0.7881	0.7891	0.7901	0.7911	0.7920
39.0	0.7840	0.7850	0.7859	0.7869	0.7879	0.7888	0.7898	0.7908	0.7919	0.7929
40.0	0.7847	0.7857	0.7866	0.7876	0.7886	0.7896	0.7805	0.7915	0.7925	0.7934
41.0	0.7854	0.7864	0.7874	0.7883	0.7893	0.7903	0.7912	0.7922	0.7932	0.7941
42.0	0.7861	0.7871	0.7881	0.7890	0.7900	0.7910	0.7919	0.7929	0.7939	0.7948
43.0	0.7868	0.7878	0.7888	0.7897	0.7907	0.7917	0.7926	0.7936	0.7946	0.7955
44.0	0.7875	0.7885	0.7895	0.7904	0.7914	0.7924	0.7933	0.7943	0.7953	0.7962

视密度 温度/℃ 20℃密度	0.7800	0.7810	0.7820	0.7830	0.7840	0.7850	0.7860	0.7870	0.7880	0.7890
10.0	0.7725	0.7735	0.7745	0.7755	0.7765	0.7776	0.7786	0.7796	0.7806	0.7816
11.0	0.7732	0.7743	0.7753	0.7763	0.7773	0.7783	0.7793	0.7803	0.7813	0.7824
12.0	0.7740	0.7750	0.7760	0.7770	0.7780	0.7791	0.7801	0.7811	0.7821	0.7831
13.0	0.7748	0.7758	0.7768	0.7778	0.7788	0.7798	0.7808	0.7818	0.7828	0.7838
14.0	0.7755	0.7865	0.7775	0.7785	0.7795	0.7806	0.7816	0.7826	0.7836	0.7846
15.0	0.7763	0.7773	0.7783	0.7793	0.7803	0.7813	0.7823	0.7833	0.7843	0.7853
16.0	0.7770	0.7780	0.7790	0.7800	0.7820	0.7820	0.7830	0.7841	0.7851	0.7861
17.0	0.7778	0.7788	0.7798	0.7808	0.7818	0.7828	0.7838	0.7848	0.7858	0.7868
18.0	0.7785	0.7795	0.7805	0.7815	0.7825	0.7835	0.7845	0.7855	0.7865	0.7875
19.0	0.7792	0.7803	0.7813	0.7823	0.7833	0.7843	0.7853	0.7863	0.7873	0.7883
20.0	0.7800	0.7810	0.7820	0.7830	0.7840	0.7850	0.7860	0.7870	0.7880	0.7890
21.0	0.7807	0.7817	0.7827	0.7837	0.7847	0.7857	0.7867	0.7877	0.7887	0.7897
22.0	0.7815	0.7825	0.7835	0.7845	0.7855	0.7865	0.7875	0.7885	0.7895	0.7905
23.0	0.7822	0.7832	0.7842	0.7852	0.7862	0.7872	0.7882	0.7892	0.7902	0.7912
24.0	0.7829	0.7839	0.7849	0.7859	0.7869	0.7879	0.7889	0.7899	0.7909	0.7919
25.0	0.7837	0.7847	0.7857	0.7867	0.7877	0.7886	0.7896	0.7906	0.7916	0.7926
26.0	0.7844	0.7854	0.7864	0.7874	0.7884	0.7894	0.7904	0.7914	0.7923	0.7933
27.0	0.7851	0.7861	0.7871	0.7881	0.7891	0.7901	0.7911	0.7921	0.7931	0.7940
28.0	0.7859	0.7869	0.7878	0.7888	0.7898	0.7908	0.7918	0.7923	0.7938	0.7948
29.0	0.7866	0.7876	0.7886	0.7895	0.7905	0.7915	0.7925	0.7935	0.7945	0.7955
30.0	0.7873	0.7883	0.7893	0.7903	0.7913	0.7922	0.7932	0.7942	0.7952	0.7962
31.0	0.7880	0.7890	0.7900	0.7910	0.7920	0.7930	0.7939	0.7949	0.7959	0.7969
32.0	0.7887	0.7897	0.7907	0.7917	0.7927	0.7937	0.7946	0.7956	0.7966	0.7976
33.0	0.7895	0.7904	0.7914	0.7924	0.7934	0.7944	0.7954	0.7966	0.7973	0.7983
34.0	0.7902	0.7912	0.7921	0.7931	0.7941	0.7951	0.7961	0.7970	0.7980	0.7990
35.0	0.7909	0.7919	0.7928	0.7938	0.7948	0.7958	0.7968	0.7977	0.7987	0.7996
36.0	0.7916	0.7926	0.7936	0.7945	0.7955	0.7965	0.7975	0.7984	0.7894	0.8004
37.0	0.7923	0.7933	0.7943	0.7952	0.7962	0.7972	0.7982	0.7991	0.8001	0.8011
38.0	0.7930	0.7940	0.7950	0.7959	0.7969	0.7979	0.7989	0.7898	0.8008	0.8018
39.0	0.7937	0.7947	0.7957	0.7966	0.7976	0.7986	0.7996	0.8006	0.8015	0.8025
40.0	0.7944	0.7954	0.7964	0.7973	0.7986	0.7993	0.8003	0.8012	0.8022	0.8032
41.0	0.7951	0.7961	0.7971	0.7980	0.7990	0.8000	0.8009	0.8019	0.8029	0.8039
42.0	0.7958	0.7968	0.7978	0.7987	0.7997	0.8007	0.8016	0.8026	0.8036	0.8046
43.0	0.7965	0.7975	0.7985	0.7994	0.8004	0.8014	0.8023	0.8033	0.8043	0.8052
44.0	0.7972	0.7982	0.7891	0.8001	0.8011	0.8020	0.8030	0.8040	0.8050	0.8059

视密度 温度/℃ 20℃密度	0.7900	0.7910	0.7920	0.7930	0.7940	0.7950	0.7960	0.7970	0.7980	0.7990
10.0	0.7826	0.7836	0.7847	0.7857	0.7867	0.7877	0.7887	0.7897	0.7907	0.7818
11.0	0.7834	0.7844	0.7854	0.7864	0.7874	0.7884	0.7895	0.7905	0.7915	0.7925
12.0	0.7841	0.7851	0.7861	0.7872	0.7882	0.7892	0.7902	0.7912	0.7922	0.7932
13.0	0.7849	0.7859	0.7869	0.7879	0.7889	0.7899	0.7909	0.7919	0.7929	0.7940
14.0	0.7856	0.7866	0.7876	0.7886	0.7896	0.7906	0.7917	0.7927	0.7937	0.7947
15.0	0.7863	0.7873	0.7884	0.7894	0.7904	0.7914	0.7924	0.7934	0.7944	0.7954
16.0	0.7871	0.37881	0.7891	0.7901	0.7911	0.7921	0.7931	0.7941	0.7951	0.7961
17.0	0.7878	0.7888	0.7898	0.7908	0.7918	0.7928	0.7938	0.7948	0.7958	0.7968
18.0	0.7885	0.7895	0.7905	0.7916	0.7926	0.7936	0.7946	0.7956	0.7966	0.7976
19.0	0.7893	0.7903	0.7913	0.7923	0.7933	0.7943	0.7953	0.7963	0.7973	0.7983
20.0	0.7900	0.7910	0.7920	0.7930	0.7940	0.7950	0.7960	0.7970	0.7980	0.7990
21.0	0.7907	0.7917	0.7927	0.7937	0.7947	0.7957	0.7967	0.7977	0.7987	0.7997
22.0	0.7914	0.7924	0.7934	0.7944	0.7954	0.7964	0.7974	0.7984	0.7994	0.8004

20℃密度 视密度 温度/℃	0.7900	0.7910	0.7920	0.7930	0.7940	0.7950	0.7960	0.7970	0.7980	0.7990
23.0	0.7922	0.7932	0.7942	0.7952	0.7962	0.7972	0.7981	0.7991	0.8001	0.8011
24.0	0.7929	0.7939	0.7949	0.7959	0.7969	0.7979	0.7989	0.7999	0.8008	0.8018
25.0	0.7936	0.7946	0.7956	0.7966	0.7976	0.7986	0.7996	0.8006	0.8016	0.8025
26.0	0.7943	0.7953	0.7963	0.7973	0.7983	0.7993	0.8003	0.8013	0.8023	0.8033
27.0	0.7950	0.7960	0.7970	0.7980	0.7990	0.8000	0.8010	0.8020	0.8030	0.8040
28.0	0.7958	0.7967	0.7977	0.7987	0.7997	0.8007	0.8017	0.8027	0.8037	0.8047
29.0	0.7965	0.7974	0.7984	0.7994	0.8004	0.8014	0.8024	0.8034	0.8044	0.8053
30.0	0.7972	0.7982	0.7991	0.8001	0.8011	0.8021	0.8031	0.8041	0.8051	0.8060
31.0	0.7979	0.7989	0.7998	0.8008	0.8018	0.8028	0.8038	0.8048	0.8058	0.8067
32.0	0.7986	0.7996	0.8005	0.8015	0.8025	0.8035	0.8045	0.8055	0.8064	0.8074
33.0	0.7993	0.8003	0.8012	0.8022	0.8032	0.8042	0.8052	0.8062	0.8071	0.8081
34.0	0.8000	0.8010	0.8019	0.8029	0.8039	0.8049	0.8059	0.8068	0.8078	0.8088
35.0	0.8007	0.8017	0.8026	0.8036	0.8046	0.8056	0.8066	0.8075	0.8085	0.8095
36.0	0.8014	0.8024	0.8033	0.8043	0.8053	0.8063	0.8072	0.8082	0.8092	0.8102
37.0	0.8021	0.8031	0.8040	0.8050	0.8060	0.8070	0.8079	0.8089	0.8099	0.8109
38.0	0.8028	0.8037	0.8047	0.8057	0.8067	0.8076	0.8086	0.8096	0.8106	0.8115
39.0	0.8035	0.8044	0.8054	0.8064	0.8074	0.8083	0.8093	0.8103	0.8113	0.8122
40.0	0.8041	0.8051	0.8061	0.8071	0.8080	0.8090	0.8100	0.8110	0.8119	0.8120
41.0	0.8048	0.8058	0.8068	0.8078	0.8087	0.97	0.9107	0.8116	0.8126	0.8136
42.0	0.8055	0.8065	0.8075	0.8084	0.8094	0.8104	0.8113	0.8123	0.8133	0.8143
43.0	0.8062	0.8072	0.8081	0.8091	0.8101	0.8111	0.8120	0.8130	0.8140	0.8149
44.0	0.8069	0.8079	0.8088	0.8098	0.8108	0.8117	0.8127	0.8137	0.8146	0.8156

附表 14-1(4)　石油视密度换算表　　　　　　　　　　g/cm³

20℃密度 视密度 温度/℃	0.8100	0.8110	0.8120	0.8130	0.8140	0.8150	0.8160	0.8170	0.8180	0.8190
10.0	0.8029	0.8039	0.8049	0.8060	0.8070	0.8080	0.8090	0.8100	0.8110	0.8120
11.0	0.8036	0.8046	0.8057	0.8067	0.8077	0.8087	0.8097	0.8107	0.8117	0.8127
12.0	0.8043	0.8054	0.8064	0.8074	0.8084	0.8094	0.8104	0.8114	0.8124	0.8134
13.0	0.8051	0.8061	0.8071	0.8081	0.8091	0.8101	0.8111	0.8121	0.8131	0.8141
14.0	0.8058	0.8068	0.8078	0.8088	0.8098	0.8108	0.8118	0.8128	0.8138	0.8148
15.0	0.8065	0.8075	0.8085	0.8095	0.8105	0.8115	0.8125	0.8135	0.8145	0.8155
16.0	0.8072	0.8082	0.8092	0.8102	0.8112	0.8122	0.8132	0.8142	0.8152	0.8162
17.0	0.8079	0.8089	0.8099	0.8109	0.8119	0.8129	0.8139	0.8149	0.8159	0.8169
18.0	0.8086	0.8096	0.8106	0.8116	0.8126	0.8136	0.8146	0.8156	0.8166	0.8176
19.0	0.8093	0.8103	0.8113	0.8123	0.8133	0.8143	0.8153	0.8163	0.8173	0.8183
20.0	0.8100	0.8110	0.8120	0.8130	0.8140	0.8150	0.8160	0.8170	0.8180	0.8190
21.0	0.8107	0.8117	0.8127	0.8137	0.8147	0.8157	0.8167	0.8177	0.8187	0.8197
22.0	0.8114	0.8124	0.8134	0.8144	0.8154	0.8164	0.8174	0.8184	0.8194	0.8204
23.0	0.8121	0.8131	0.8141	0.8151	0.8161	0.8171	0.8181	0.8191	0.8201	0.8211
24.0	0.8128	0.8138	0.8148	0.8158	0.8168	0.8178	0.8188	0.8197	0.8207	0.8217
25.0	0.8135	0.8145	0.8155	0.8165	0.8174	0.8184	0.8194	0.8204	0.8214	0.8224
26.0	0.8142	0.8152	0.8161	0.8171	0.8181	0.8191	0.8201	0.8211	0.8221	0.8231
27.0	0.8148	0.8158	0.8168	0.8178	0.8188	0.8198	0.8208	0.8218	0.8228	0.8238
28.0	0.8155	0.8165	0.8175	0.8185	0.8195	0.8205	0.8215	0.8225	0.8235	0.8244
29.0	0.8162	0.8172	0.8182	0.8192	0.8202	0.8212	0.8221	0.8231	0.8241	0.8251
30.0	0.8169	0.8179	0.8189	0.8199	0.8208	0.8218	0.8228	0.8238	0.8248	0.8258
31.0	0.8176	0.8186	0.8195	0.8205	0.8215	0.8225	0.8235	0.8245	0.8255	0.8264
32.0	0.8183	0.8192	0.8202	0.8212	0.8222	0.8232	0.8242	0.8251	0.8261	0.8271
33.0	0.8189	0.8199	0.8209	0.8219	0.8229	0.8238	0.8248	0.8258	0.8268	0.8278
34.0	0.8196	0.8206	0.8216	0.8226	0.8235	0.8245	0.8255	0.8265	0.8275	0.8284

附表 14 - 2 石油密度温度系数表

附表 14 - 2 石油密度温度系数表 (γ 值)

ρ_{20}	γ	ρ_{20}	γ	ρ_{20}	γ
0.5993 ~ 0.6042	0.00107	0.7073 ~ 0.7132	0.00087	0.8451 ~ 0.8533	0.00067
0.6043 ~ 0.6091	0.00106	0.7133 ~ 0.7193	0.00086	0.8534 ~ 0.8618	0.00066
0.6092 ~ 0.6142	0.00105	0.7194 ~ 0.7255	0.00085	0.8619 ~ 0.8704	0.00065
0.6043 ~ 0.6193	0.00104	0.7256 ~ 0.7317	0.00084	0.8705 ~ 0.8792	0.00064
0.6194 ~ 0.6244	0.00103	0.7318 ~ 0.7380	0.00083	0.8793 ~ 0.8884	0.00063
0.6245 ~ 0.6295	0.00102	0.7381 ~ 0.7443	0.00082	0.8885 ~ 0.8977	0.00062
0.6296 ~ 0.6347	0.00101	0.7444 ~ 0.7509	0.00081	0.8978 ~ 0.9073	0.00061
0.6348 ~ 0.6400	0.00100	0.7510 ~ 0.7574	0.00080	0.9074 ~ 0.9172	0.00060
0.6401 ~ 0.6453	0.00099	0.7575 ~ 0.7640	0.00079	0.9173 ~ 0.9276	0.00059
0.6454 ~ 0.6506	0.00098	0.7641 ~ 0.7709	0.00078	0.9277 ~ 0.9382	0.00058
0.6507 ~ 0.6560	0.00097	0.7710 ~ 0.7772	0.00077	0.9383 ~ 0.9492	0.00057
0.6561 ~ 0.6615	0.00096	0.7773 ~ 0.7847	0.00076	0.9493 ~ 0.9609	0.00056
0.6616 ~ 0.6670	0.00095	0.7848 ~ 0.7917	0.00075	0.9610 ~ 0.9729	0.00055
0.6671 ~ 0.6726	0.00094	0.7918 ~ 0.7990	0.00074	0.9730 ~ 0.9855	0.00054
0.6727 ~ 0.6782	0.00093	0.7991 ~ 0.8063	0.00073	0.9856 ~ 0.9951	0.00053
0.6783 ~ 0.6839	0.00092	0.8064 ~ 0.8137	0.00072	0.9952 ~ 1.0131	0.00052
0.6840 ~ 0.6896	0.00091	0.8138 ~ 0.8213	0.00071		
0.6897 ~ 0.6954	0.00090	0.8214 ~ 0.8291	0.00070		
0.6955 ~ 0.7013	0.00089	0.8292 ~ 0.8370	0.00069		
0.7014 ~ 0.7072	0.00088	0.8371 ~ 0.8450	0.00068		

注：此表适用于非 20℃ 时石油和液体石油产品密度的换算。

15 液体比重天平测定实验

15.1 实验目的

(1) 掌握液体比重(韦氏)天平的测定原理及测定方法。
(2) 掌握密度的换算方法。

15.2 测定原理

液体比重(韦氏)天平是计量仪器之一。用于科研上的液体密度测定。其测定原理是：利用阿基米德定律和杠杆定律为测定基本原理，用有一标准体积($5cm^3$)与质量($15g$)之测锤，浸没于液体之中获得浮力而使横梁失去平衡，然后在横梁的"V"形槽里放置各种定量骑码，使横梁恢复平衡而测得液体的相对密度 d_t^t。

15.3 实验内容和步骤

将测锤用酒精洗净晾干，再将托架升至适当高度后用支柱紧定螺钉旋紧，横梁置于托架之玛瑙刀座上，用等重砝码或直接用测锤挂于横梁右端小钩上，调整水平调节螺钉，使横梁上指针与托架指针成水平线，以示平衡。

如无法调节平衡时，可松开平衡调节器上的定位小螺钉，调节至平衡后，旋紧定位螺钉。

将试油注入量筒内至液面高于(平衡状态)测锤上的金属丝 10~15mm，测锤位于量筒中央。此时因浮力作用，天平横梁失去平衡，然后在横梁"V"形槽与小钩上加放各种骑码使之恢复平衡，同时在测锤中读出液体温度，即测得液体的视密度 d_t^t。

平衡时砝码读数。砝码的名义值从大到小分别为5g、500mg、50mg、5mg。其代表的数值为：各砝码放在横梁"V"形槽中第 1~9 的数值为 0.1~0.9、0.01~0.09、0.001~0.009、0.0001~0.0009；放在小钩上(第10位)时分别为1、0.1、0.01、0.001。横梁上"V"形槽与各种砝码的关系为十进位，如横梁平衡时，所加之砝码从在到小分别在横梁之"V"形槽位置第九位、第八位、第六位、第四位，读出的视密度为 0.9864。

15.4 实验数据处理

实验数据记录表见表 15-1。

表 15 – 1 实验数据记录表

试 油 名 称			
测定温度/℃			
视密度，d_t^t 或 ρ_t			
水的密度，K			
t 时的密度，d_4^t 或 ρ_t			
密度，d_4^{20} 或 ρ_{20}			
平行试验差数			
测定结果			

（1）如果以相对密度 d_4^t 表示时则按式 15 – 1 计算：

$$d_4^t = d_t^t \times K \tag{15 – 1}$$

式中　d_t^t——当参比温度是 t℃的水时，液体石油产品 t℃时的相对密度；

　　　K——水在 t℃时的密度，见附表 15 – 1，g/cm^3；

　　　d_4^t——当参比温度是 4℃的水时，液体石油产品 t℃时的相对密度。

（2）如果所测密度是在 15.6℃恒温下进行时，用式（15 – 2）便可计算出相对密度 d_4^{20} 或标准密度 ρ_{20}。如果是在温度 t 测定时，则先用式（15 – 1）计算，得到 d_4^t；再由式 14 – 1 计算，或可由 d_4^t 直接在表 14 – 2 进行换算。最后得到相对密度 d_4^{20} 或标准密度 ρ_{20}。

$$d_4^{20} = d_{15.6}^{15.6} - \Delta d \tag{15 – 2}$$

式中，$d_{15.6}^{15.6}$ 与 Δd 的换算可由附表 15 – 3 查得。

15.5　实验报告要求

（1）测定两个结果之差不大于 0.0005g/cm^3。
（2）取两个测定结果的平均值作为测定结果。

15.6　思考题

（1）试述液体比重天平的测定原理。
（2）测定油品密度在生产和应用上有何意义？
（3）油品密度与其馏分组成、化学组成的关系？
（4）计算：测得某油品的视密度为 0.8250g/cm^3，温度为 35℃时，求出油品在 20℃的密度。

附表 15 – 1　水的密度表

附表 15 – 1　水的密度表（K）

温度/℃	密度/（g/cm^3）	温度/℃	密度/（g/cm^3）	温度/℃	密度/（g/cm^3）
0	0.99984	18	0.99860	36	0.99368
1	0.99990	19	0.99840	37	0.99333
2	0.99994	20	0.99820	37、38	0.99305
3	0.99996	21	0.99799	38	0.99297
4	0.99997	22	0.99777	39	0.99260
5	0.99996	23	0.99754	40	0.99222

温度/℃	密度/(g/cm³)	温度/℃	密度/(g/cm³)	温度/℃	密度/(g/cm³)
6	0.99994	24	0.99730	45	0.99021
7	0.99990	25	0.99678	50	0.98804
8	0.99985	26	0.99651	55	0.98570
9	0.99978	27	0.99623	60	0.98321
10	0.99970	28	0.99604	65	0.98056
11	0.99960	29	0.99594	70	0.97778
12	0.99950	30	0.99565	75	0.97486
13	0.99938	31	0.99534	80	0.97180
14	0.99924	32	0.99503	85	0.96862
15	0.99910	33	0.99470	90	0.96531
16	0.99894	34	0.99437	95	0.96189
17	0.99877	35	0.99403	98、99	0.95914

附表 15-2 $d_{15.6}^{15.6}$ 与 Δd 的换算表

附表 15-2 $d_{15.6}^{15.6}$ 与 Δd 的换算表

$d_{15.6}^{15.6}$	Δd	$d_{15.6}^{15.6}$	Δd	$d_{15.6}^{15.6}$	Δd
0.7000~0.7100	0.0051	0.8000~0.8200	0.0045	0.9100~0.9200	0.0039
0.7100~0.7300	0.0050	0.8200~0.8400	0.0044	0.9200~0.9400	0.0038
0.7300~0.7500	0.0049	0.8400~0.8500	0.0043	0.9400~0.9500	0.0037
0.7500~0.7700	0.0048	0.8500~0.8700	0.0042		
0.7700~0.7800	0.0047	0.8700~0.8900	0.0041		
0.7800~0.8000	0.0046	0.8900~0.9100	0.0040		

16　发动机燃料饱和蒸气压测定实验

16.1　实验目的

（1）了解发动机燃料饱和蒸气压测定的意义。
（2）掌握雷德法饱和蒸气压得测定原理和测定方法。
（3）明确测定的主要影响因素。

16.2　雷德饱和蒸气压

在某一温度下，液体与其蒸发的气体达到动态平衡时的蒸气压力，叫做该温度下此液体的饱和蒸气。雷德饱和蒸气压是指在雷德式饱和蒸气压测定器中燃料与燃料蒸气的体积比为1:4及温度38℃时所测出的燃料蒸气的最大压力。单位以 Pa 表示。

16.3　实验内容和步骤

试验前先把测定器的带活栓接管和燃料室取下。用 30～40℃ 温水注入空气室中洗涤至少 5 次，再用蒸馏水冲洗，然后将空气室垂直放置，连接空气室与压力计所用的胶管也要用温水洗涤数次。

测定空气室温度作为开始温度记录下来。测定时将温度计水银球插到空气室全长的 3/4 处（约190mm），但不得接触室壁。

将试油注入燃料室。试样、注油装置、燃料室都要事先放进 0～1℃ 的冷浴中冷却。先用试油把在温度 0～1℃ 冷却的燃料室洗涤 2～3 次，然后将燃料室注满试油（溢出为止）。取样瓶应配有注油管和透气管的软木塞，注油管的一端与软木塞的下表面相平，另一端应能插到距离燃料室底部 6～7mm 处。透气管的底端应插到取样瓶的底部。

将空气室与燃料室连接，同时将测定器的接头管与水银压力计的胶管连接，关闭空气室活栓。要求水银柱的高度差为零。记录试验时的实际大气压力。从试油的注入到空气室与燃料室的连接工作要求在 10s 的短时间内完成。

将装好试样的测定器颠倒，用力猛烈摇动。恢复正常位置后浸在水浴中，使活栓也被水浸没，在试验过程中水浴温度必须保持（38±0.3）℃。试油蒸气不应漏出，如发现漏出，则测定无效。

测定器浸入水浴后，打开活栓 5min，并记录压力计的水银柱高度差的毫米数。然后将活栓关闭，从浴中取出测定器，使其颠倒并用力猛烈摇动，再放回水浴中。每经 2min，按本条的操作重复一次。每次摇动前，活栓必须关闭，要等到测定器放回水浴时再拧开。测定器的摇动应尽可能迅速，以免测定器及其中的试样温度改变。

当水银压力计的读数停止变动时（通常需要经过 20min 左右）用恒定的 mmHg 读数，作为试油未修正的饱和蒸气压。以"p'"表示。

16.4 实验数据处理

实验数据记录表见表 16-1。

表 16-1 实验数据记录表

试 油 名 称		
大气压力/kPa		
空气室温度/℃		
水在 t℃时蒸气压/kPa		
水在 38℃时蒸气压/kPa		
水浴温度/℃		
$\Delta p'$/kPa		
p/kPa		
测定结果/kPa		

注：1mmHg = 133.322Pa。

(1) 试样的饱和蒸气压 p(kPa)按式(16-1)计算：

$$p = p' + \Delta p \qquad (16-1)$$

(2) 修正数 Δp(kPa)按式(16-2)计算：

$$\Delta p = \frac{(p_a - p_t)(t-38)}{273 + t} - (p_{38} - p_t) \qquad (16-2)$$

式中　p'——试油未修正的饱和蒸气压，kPa；

　　　Δp——修正数，kPa；

　　　p_a——试验时的实际大气压力，kPa；

　　　t——空气室的开始温度，℃；

　　　p_t——水在 t℃时的饱和蒸气压，可由附表 16-3 查得，kPa；

　　　p_{38}——水在 38℃时的饱和蒸气压，kPa。

(3) 试油的饱和蒸气压只要求准确到 1mmHg 时修正数 Δp 可从附表 16-2 的饱和蒸气压的修正值表中查出，然后按公式(16-1)计算出试样的饱和蒸气压 p。

16.5 实验报告要求

(1) 重复测定两个结果与其算术平均值的差数，不应超过 ±15mmHg(2kPa)。

(2) 取重复测定两个结果的算术平均值作为试样的雷德饱和蒸气压。

(3) 测定结果单位为 kPa。

16.6 思考题

（1）饱和蒸气压的测定原理是什么？
（2）测定饱和蒸气压的影响因素有哪些？
（3）测定燃料饱和蒸气压在生产和应用上有何意义？

附表 16-1 饱和蒸气压的修正数

附表 16-1 饱和蒸气压的修正数

开始温度/℃	在下列大气压力下的修正数 Δp/mmHg										
	760	750	740	730	720	700	680	660	640	620	600
9	−119	−118	−116	−115	−114	−112	−110	−108	−106	−104	−102
10	−115	−114	−113	−112	−111	−109	−107	−105	−103	−101	−99
11	−111	−110	−109	−108	−107	−106	−104	−102	−100	−98	−96
12	−108	−107	−106	−105	−104	−102	−100	−99	−97	−95	−93
13	−104	−103	−102	−101	−100	−99	−97	−95	−93	−92	−90
14	−100	−99	−99	−98	−97	−95	−94	−92	−90	−89	−87
15	−97	−96	−95	−94	−93	−92	−90	−89	−87	−85	−84
16	−93	−92	−91	−91	−90	−88	−87	−85	−84	−82	−81
17	−89	−88	−88	−87	−86	−85	−83	−82	−81	−79	−78
18	−85	−85	−84	−83	−83	−81	−80	−79	−77	−76	−74
19	−82	−81	−80	−80	−79	−78	−76	−75	−74	−73	−71
20	−78	−77	−77	−76	−75	−74	−73	−72	−70	−69	−68
21	−74	−73	−73	−72	−72	−70	−69	−68	−67	−66	−65
22	−70	−69	−69	−68	−68	−67	−66	−65	−63	−62	−61
23	−66	−66	−65	−65	−64	−63	−62	−61	−60	−59	−58
24	−62	−62	−61	−61	−60	−59	−58	−57	−56	−55	−55
25	−58	−58	−57	−57	−56	−55	−55	−54	−53	−52	−51
26	−54	−54	−53	−53	−52	−52	−51	−50	−49	−48	−48
27	−50	−50	−49	−49	−48	−48	−47	−46	−46	−45	−44
28	−46	−45	−45	−45	−44	−44	−43	−42	−42	−41	−40
29	−42	−41	−41	−41	−40	−40	−39	−39	−38	−37	−37
30	−37	−37	−37	−36	−36	−36	−35	−34	−34	−33	−33
31	−33	−33	−32	−32	−32	−31	−31	−30	−30	−30	−29
32	−28	−28	−28	−28	−28	−27	−27	−26	−26	−26	−25
33	−24	−24	−24	−23	−23	−23	−23	−22	−22	−22	−21
34	−19	−19	−19	−19	−19	−18	−18	−18	−18	−17	−17
35	−15	−15	−15	−14	−14	−14	−14	−14	−14	−13	−13
36	−10	−10	−10	−10	−10	−9	−9	−9	−9	−9	−9
37	−5	−5	−5	−5	−5	−5	−5	−5	−5	−5	−4
38	0	0	0	0	0	0	0	0	0	0	0
39	+15	+5	+5	+5	+5	+5	+5	+5	+5	+5	+5
40	+10	+10	+10	+10	+10	+10	+10	+10	+9	+9	+9

附表 16 - 2 不同温度下水的饱和蒸气压

附表 16 - 2 不同温度下水的饱和蒸气压

温度/℃	水蒸气压/mmHg	温度/℃	水蒸气压/mmHg	温度/℃	水蒸气压/mmHg
0	4.58	14	11.99	28	28.35
1	4.93	15	12.79	29	30.04
2	5.39	16	13.63	30	31.82
3	5.69	17	14.53	31	33.70
4	6.10	18	15.48	32	35.66
5	6.54	19	16.48	33	37.73
6	7.01	20	17.54	34	39.90
7	7.51	21	18.65	35	42.18
8	8.05	22	19.83	36	44.56
9	8.61	23	21.07	37	47.07
10	9.21	24	22.38	38	49.69
11	9.84	25	23.76	39	52.44
12	10.52	26	25.21	40	55.32
13	11.23	27	26.74		

17　石油产品闭口闪点测定实验

17.1　实验目的

（1）掌握闪点、燃点、自燃点等概念及其关系。

（2）熟练掌握闭口闪点的测定方法。

（3）掌握闭口闪点的测定意义及实验的影响因素（阅读附录　石油产品闪点测定实验相关内容）。

17.2　测定原理

闭口闪点的测定原理是把试样装入油杯中的环状处，盖上杯盖。试样在连续搅拌下用很慢的、恒定的速度加热，在规定的温度间隔，同时中断搅拌的情况下，将一小火焰引入杯内，试验火焰引起试样上的蒸气闪火时的最低温度作为闪点。

17.3　实验内容和步骤

将试油注入油杯至环状刻线处，试样的水分超过 0.05% 时必须用新煅烧过的硫酸钠、氯化钠或无水氯化钙进行脱水。

注油时试油和油杯的温度不能过高。闪点在 100℃ 以下的，试油和油杯温度不应高于室温；闪点在 100℃ 以上的，也不应高于 80℃。

将装好试油的油杯，放在空气浴的电炉中，盖上干燥、清洁的杯盖，插入闭口闪点温度计。

试验加热时要注意温升速度的控制。闪点低于 50℃ 的试油，温度每分钟升高 1℃，并进行不断搅拌。闪点高于 50℃ 的试油，到预计闪点前 40℃ 时，调整加热速度，使在预计闪点前 20℃ 时，升温速度能控制在每分钟升高 2~3℃，并进行不断搅拌。

试油温度到达预期闪点前 10℃，进行点火试验。闪点低于 104℃ 的试油每升高 1℃ 点火一次；高于 104℃ 的试油每升高 2℃ 点火一次。点火器的火焰调到接近球形，其直径为 3~4mm。试油在全部试验期间均应进行搅拌，仅在点火时才停止搅拌。点火时，使火焰在 0.5s 内降到杯上含蒸气的空间中，留在这一位置 1s 立即迅速回到原位。如看不到闪火，就继续搅拌试油，按要求重复进行点火试验。

当试油液面上方最初出现蓝色火焰时，立即从温度计读出温度作为闪点的测定结果。得到最初闪火后，按要求重复点火试验，如能继续闪火，则测定结果有效，如不闪火，则测定结果无效，必须更换试油重新进行试验。

17.4　实验数据处理

实验数据记录表见表 17 - 1。

表 17 - 1　闭口闪点实验数据记录表

试 油 名 称				
大气压力/kPa				
试样号	第 1 试样	第 2 试样	第 3 试样	第 4 试样
第一次闪火温度/℃				
第二次闪火温度/℃				
平行测定差数/℃				
试验结果/℃				
备注				

（1）大气压力在 99.3 ~ 103.3kPa（745 ~ 775mmHg）时闪点不用修正。在其他大气压力下必须由式（17 - 1）、式（17 - 2）进行修正。

$$\Delta t = 0.25(101.3 - p) \tag{17 - 1}$$

$$\Delta t = 0.0345(760 - p) \tag{17 - 2}$$

修正值准确到 1℃。式中 p 的单位为 kPa（千帕）或 mmHg（毫米汞柱）。

（2）修正值 Δt（℃）还可以通过附表 17 - 2 查出。

17.5　实验报告要求

（1）两次平行测定结果的差数，小于 104℃ 的不超过 2℃，大于 104℃ 的不超过 6℃。

（2）取重复测定两个结果的算术平均值作为试样的闪点。

17.6　思考题

（1）简叙下列概念：闪点、燃点、自燃点。

（2）石油产品闪点测定在实际中有何意义?

附录　石油产品闪点测定实验相关内容

1. 相关概念

（1）闪点　指在规定的条件下，将油品加热蒸发，其蒸气与空气形成油气混合物，当接触火焰时发生闪火的最低温度，以℃ 表示。根据油品的性质和使用条件不同，其测定方法也不同。闪点分为开口闪点和闭口闪点两种。通常轻质油多用闭口闪点测定，而重质及润滑油多用开口闪点测定。

（2）燃点　指当达到闪点后继续按规定条件，加热到其蒸气能被接触的火焰点着并燃烧不少于 5s 时的最低温度，以℃ 表示。

（3）自燃点　是指油品加热到与空气接触能因剧烈的氧化而产生火焰自行燃烧时的最低

温度, 以℃表示。

2. 石油产品闪点测定的影响因素

(1) 升温速度的控制。加热速度快, 测得闪点偏低。因为加热速度过快时, 单位时间内蒸发出的油蒸气多, 来不及扩散, 使可燃混合气提前达到爆炸下限, 使测得结果偏低。加热速度过慢时, 所测闪点偏高。因为延长了测定时间, 点火次数增多, 油蒸气损耗多, 推迟了油蒸气和空气混合物达到闪火浓度的时间, 使测定结果偏高。

(2) 点火用的火焰大小, 离液面高低及停留时间长短对闪点影响很大。点火用的火焰比规定大时, 则所得结果偏低。火焰在液面上移动的时间越长, 离液面越低, 则所得结果偏低, 反之则偏高。

(3) 试油是否含水, 以及大气压力等, 对闪点测定影响很大。

附表17-1 大气压力对闪点影响的修正

附表17-1 大气压力对闪点影响的修正

大气压力/kPa	修正值 Δt/℃	大气压力/kPa	修正值 Δt/℃
84.0~87.7	+4	95.6~99.3	+1
87.8~91.6	+3	103.3~107.1	-1
91.7~95.5	+2		

18　石油产品开口闪点与燃点测定实验

18.1　实验目的

(1) 熟练掌握开口闪点的测定方法。
(2) 掌握开口闪点的测定意义和实验的影响因素。

18.2　测定原理

开口闪点及燃点的测定原理是将试样装入内坩埚到规定的刻线处，加热升温，当接近闪点时匀速升温。在规定的温度间隔下，以一个小火焰横着通过试油杯，当火焰接触液体表面上的蒸气发生闪火时的最低温度作为开口闪点的测定结果。继续匀速升温，直到当火焰与试样接触立即着火、燃烧并持续不少于5s时的最低温度作为燃点。

18.3　实验内容和步骤

将内坩埚用无铅汽油洗涤后，加热除去遗留的汽油、待内坩埚冷却至室温后，放入装有细砂(经过煅烧)的外坩埚中，使细砂表面距离内坩埚的口部边缘约12mm，并使内坩埚底与外坩埚底部之间保持厚度5~8mm的砂层。闪点在300℃以上的试样允许酌量减薄。

试样水分大于0.1%时必须用新煅烧并冷却的氯化钠，无水氯化钙等进行脱水。

把试样注入内坩埚中。试油注入时，对于闪点在210℃和210℃以下的试油，液面距离坩埚口部边缘为12mm(即内坩埚内的上刻线处)；对于闪点在210℃以上的试油，液面距离坩埚口部边缘为18mm(即内坩埚内的下刻线处)。此外，试样注入时不应溅出，液面以上的坩埚壁不应沾有试油。

将装好试油的坩埚平稳地放置在电炉中，再将温度计垂直地固定并使温度计的水银球位于内坩埚试油正中央。最后围好防风板。

加热坩埚，使试油逐渐升高温度，当试油温度达到预计闪点前60℃时，调整加热速度，使试油温度达到闪点前40℃时温升速度为每分钟(4±1)℃。

试油温度达到预计闪点前10℃时，将点火器的火焰放到距离试油液面10~14mm处，并在该处水平面上沿着坩埚内径作直线移动，从坩埚的一边移至另一边所经过的时间为2~3s。试样温度每升高2℃应重复一次点火试验。点火器的火焰长度为3~4mm。当试样液面上方最初出现蓝色火焰时，立即从温度计读出温度作为闪点的测定结果。

测得试油的闪点后，如需测定燃点，应继续加热，使试油的升温速度为每分钟升高(4±1)℃，再按上法进行点火试验。当试油接触火焰后立即着火并能继续燃烧不少于5s时，此时的温度作为燃点测定结果。

18.4 实验数据处理

实验数据记录表见表18-1。

表18-1 开口闪点实验数据记录表

试 油 名 称				
大气压力/kPa				
试样号				
第一次闪火温度/℃				
第二次闪火温度/℃				
燃点温度/℃				
平行测定差数/℃				
试验结果/℃				
备 注				

大气压力对闪点和燃点影响很大。当大气压力低于745mmHg(99.3kPa)时，试验所得的开口闪点或燃点按式(18-1)进行修正。

$$t_0 = t + \Delta t \qquad\qquad (18-1)$$

式中 t_0——相当于760mmHg(101.3kPa)大气压力时的开口闪点或燃点,℃;

t——在试验条件下测得的开口闪点或燃点,℃;

Δt——修正数,℃(可由附表18-1查出)。

18.5 实验报告要求

(1)重复测定两个结果的差数，闪点在150和150℃以下的不应超过4℃，大于150℃的不应超过6℃，燃点不应超过6℃。

(2)取其算术平均值作为闪点和燃点的测定结果。

18.6 思考题

(1)什么是开口闪点和闭口闪点，为什么要分开、闭口杯两种测定方法？

(2)为什么加热速度快，测得闪点偏低？

(3)为什么点火用的火焰大小、离液面高低及停留时间长短对闪点结果影响很大？

(4)闪点测定的各种影响因素对结果有何影响？本试验各测定条件控制如何？

附表 18 – 1　小于 760mmHg(101.3kPa) 大气压力时的闪点修正数

附表 18 – 1　小于 760mmHg(101.3kPa) 大气压力时的闪点修正数

闪点或	在下列大气压力(mmHg)时修正数 Δt/℃								
燃点/℃	580	600	620	640	660	680	700	720	740
100	8	7	6	5	4	3	2	2	1
125	8	8	7	6	5	4	3	2	1
150	9	8	7	6	5	4	3	2	1
175	10	9	8	6	5	4	3	2	1
200	10	9	8	7	6	5	4	2	1
225	11	10	9	7	6	5	4	2	1
250	12	11	9	8	7	5	4	3	1
275	12	11	10	8	7	6	4	3	1
300	13	12	10	9	7	6	4	3	1

19 石油产品凝点测定实验

19.1 实验目的

(1) 掌握凝点测定的概念。
(2) 学会和掌握凝点测定的操作方法。
(3) 明确凝点测定的影响因素(阅读附录 石油产品凝点测定的影响因素)。

石油产品凝点测定结果影响较大的因素与油品本身的化学组成有关，概述中已讲过。凝点还与测定时冷却速度有关。冷却速度太快，一般油品的凝点偏低。因为当油品进行冷却时，冷却速度太快，而油品的晶体增长较慢，需要一个过程，这个过程不是随冷却速度的加快而加快。所以会导致油品在晶体尚未形成坚固的"结晶网络"前，温度就降了很多，这样的测定结果是偏低的。为了提高测定结果的准确性，试验规定了冷却剂温度比试样预期的凝点低 7~8℃，试管外加套管，这样就保证了试管中的试样能缓和均匀地冷却。

含蜡油品的凝点与热处理有关。因为油品中的石蜡在进行加热时，其特性有了不同程度的改变，在油品冷却时，形成"结晶网络"的过程及能力也随着改变。所以在测定凝点时规定了预热温度，使测定结果准确。预热还有另一目的，就是将油品中石蜡晶体溶解，破坏其已受损的"结晶网络"，使其重新冷却结晶。而不至于在低温下停留时间过长，影响测定结果。

测定凝点时还要注意仪器处于静止不受震动的状态，温度计要固定好。不然将会由于温度计的活动和受周围环境的影响使仪器震动而阻碍和破坏冷却时试油所形成的"结晶网络"，使测定结果偏低。

19.2 测定原理

将试样装在规定的试管中，加热、冷却到预期的温度时，将试管倾斜 45 度经过 1min，观察液面是否移动，当液面不移动时的最高温度为测定结果。

19.3 实验内容和步骤

根据试油的预计凝点配好冷却剂，使用半导体致冷器时要设定冷却温度，使冷却剂的温度比试油预期凝点低 7~8℃。

在干燥、清洁的试管中注入试样，使液面满到环形标线处。用软木塞将温度计固定在试管中央，使水银球距管底 8~10mm。

将装有试样和温度计的试管，垂直地浸到(50±1)℃的水浴中，直至试样的温度达到

(50 ± 1)℃为止。取出试管并在室温下冷却至(35 ± 5)℃。擦干试管外壁，调好试管中温度计位置，装上外套管，测定低于0℃的凝点时，套管底部应注入无水乙醇$1 \sim 2$mL。然后将仪器浸在已装好冷却剂的保温瓶中冷却。套管浸入冷却剂的深度应不少于70mm。

当试样温度冷却到预期的凝点时，将仪器倾斜成为45°，并保持1min。取出仪器，小心并迅速地用乙醇擦拭套管外壁，垂直放置仪器并透过套管观察试管里面的液面是否有过移动的迹象。

当液面位置有移动时，从套管中取出试管，并将试管重新预热至试样达到(50 ± 1)℃，然后用比上次试验温度低4℃或更低的温度重新进行测定，直至某试验温度下液面位置停止移动为止。再将试管重新预热至试样达到(50 ± 1)℃，用比停止移动温度高2℃进行测定，最终确定测定结果。

当第一次试验发现液面的位置没移动时，则采用提高温度进行重新测定。

试样的凝点必须进行平行测定，第二次测定时的开始试验温度，要比第一次所测出的凝点高2℃。

19.4 实验数据处理

实验数据记录表见表19-1。

表19-1　凝点实验数据表

试油名称				
试验号				
液体移动温度/℃				
液体不移动温度/℃				
平行测定差数/℃				
结果				

19.5 实验报告要求

(1) 平行测定两次结果间的差数不应大于2℃；
(2) 取两个结果的平均值作为试样的凝点。

19.6 思考题

(1) 什么叫油品的凝点？
(2) 油品凝点的高低与什么有关？
(3) 油品凝点测定时因冷却速度太快而导致结果偏低，为什么？
(4) 为什么在测定凝点时要规定预热温度？
(5) 石油产品凝点的测定有何实际意义？

附录 石油产品凝点测定的影响因素

石油产品凝点测定结果影响较大的因素与油品本身的化学组成有关，概述中已讲过。凝点还与测定时冷却速度有关。冷却速度太快，一般油品的凝点偏低。因为当油品进行冷却时，冷却速度太快，而油品的晶体增长较慢，需要一个过程，这个过程不是随冷却速度的加快而加快。所以会导致油品在晶体尚未形成坚固的"结晶网络"前，温度就降了很多，这样的测定结果是偏低的。为了提高测定结果的准确性，试验规定了冷却剂温度比试样预期的凝点低7~8℃，试管外加套管，这样就保证了试管中的试样能缓和均匀地冷却。

含蜡油品的凝点与热处理有关。因为油品中的石蜡在进行加热时，其特性有了不同程度的改变，在油品冷却时，形成"结晶网络"的过程及能力也随着改变。所以在测定凝点时规定了预热温度，使测定结果准确。预热还有另一目的，就是将油品中石蜡晶体溶解，破坏其已受损的"结晶网络"，使其重新冷却结晶。而不至于在低温下停留时间过长，影响测定结果。

测定凝点时还要注意仪器处于静止不受震动的状态，温度计要固定好。不然将会由于温度计的活动和受周围环境的影响使仪器震动而阻碍和破坏冷却时试油所形成的"结晶网络"，使测定结果偏低。

20 石油产品倾点测定实验

20.1 实验目的

(1) 掌握倾点测定的概念。
(2) 了解倾点测定的操作方法。

20.2 实验原理

倾点是指试样在规定的条件下冷却，每间隔3℃检查一次试样的流动性，当试样能够流动的最低温度，用℃表示。

20.3 实验内容和步骤

将清洁试样注入试管至刻度线处。对黏稠试样可在水浴中加热至流动后再注入试管内。如试样在24h前曾加热到高于45℃的温度，或不知其加热情况，则在室温下保持试样24h后再做试验。

用插有温度计(根据油品的预定倾点1选择好合适的温度计)的软木塞塞住试管，使温度计和试管在同一轴线上，浸没温度计水银球，使温度计的毛细管起点应浸在试样液面下3mm处。如果倾点高于39℃的试样时，允许使用32～105℃范围的任何温度计，分度为0.5℃。

将试管中的试样进行以下的预处理:

(1) 倾点在 -33～33℃之间。在不搅动试样的情况下，将试样放入(48±1)℃的水浴中加热至(45±1)℃，在空气或约25℃水浴中冷却试样至(36±1)℃，再按本方法4继续试验。

(2) 倾点高于33℃。在不搅动试样的情况下，将试样放入(48±1)℃的水浴中加热至(45±1)℃或至高于预期倾点温度大约9℃，再按本方法4继续试验。

(3) 倾点低于 -33℃。在不搅动试样的情况下，将试样放入(48±1)℃的水浴中加热至(45±1)℃，再将试样放入(7±1)℃的水浴中冷却至(15±1)℃，再按本方法4继续试验。

圆盘、垫圈和套管内外都应清洁和干燥。将圆盘放在套管的底部。垫圈放在距试管内试样液面上方约25mm处。将试管放入套管内。

保持冷浴的温度在 -1～2℃。将带有试管的套管稳定地装在冷浴的垂直位置上，使套管露出冷却介质液面不大于25mm。

试样经过足够的冷却后，形成石蜡结晶，应十分注意不要搅动试样和温度计;也不允许温度计在试样中有移动;对石蜡结晶的海绵网有任何搅动都会导致结果偏低或不真实。

对倾点高于33℃的试样，试验从高于预期倾点9℃开始，对其他倾点试样则从高于预期倾点12℃开始。每当温度计读数为3℃倍数时，要小心地把试管从套管中取出，倾斜试管，到刚好能观察到试样是否流动为止。取出试管到放回试管的全部操作，要求不超过3s。如果温度已降到9℃，试样仍流动，则将试管移到温度保持在 −18 ~ −15℃的冷浴套管中；如果温度已降到 −6℃，试样仍流动，则将试管移到温度保持在 −35 ~ −32℃的冷浴套管中。

测定极低的倾点时，需要多个不同温度的冷浴，每个冷浴间的温差为17℃，如 −52 ~ −49℃、−69 ~ −66℃和 −86 ~ −83℃等。当倾斜试管，发现试样不流动时，就立即将试管放在水平位置上，仔细观察试样的表面，如果在5s内还有流动，则立即将试管放回套管，待再降低3℃时，重复进行流动试验。

按以上步骤继续进行试验，直到试管保持水平位置5s而试样无流动时，记录观察到的试验温度计读数。

对深色油、气缸油和非馏分燃料油按方法1 ~ 8所述步骤进行，所测的结果是上(最高)倾点。如将试样加热到(105 ± 1)℃，注入试管并冷却至(36 ± 1)℃，再按本方法1 ~ 8所述步骤进行测定，其测定结果为下(最低)倾点。

20.4　实验数据处理

实验数据记录表见表20 - 1。

表 20 - 1　倾点实验数据表

试 油 名 称				
试验号				
试样不移动温度/℃				
平行测定差数/℃				
结果温度/℃				

20.5　实验报告要求

(1) 重复测定两个结果温度之差不应超过3℃。
(2) 所测的记录温度加上3℃为试样的倾点。
(3) 取重复测定两个结果平均值为倾点，对深色油的测定结果报告为上倾点或下倾点。

21　石油产品运动黏度测定实验

21.1　实验目的

（1）复习黏度的各种表示方法及相互换算，黏温特性的表示。

（2）熟练掌握黏度测定操作方法及影响因素分析（阅读附录　运动黏度测定的影响因素）。

（3）了解黏度测定的意义。

21.2　测定原理

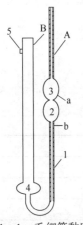

图 21 - 1　毛细管黏度计
1—毛细管；
2、3、4—扩张部分；5—支管；
A、B—管身；a、b—标线

在某恒定的温度下，测定一定体积的液体在重力下流过一个标定好了的玻璃毛细管黏度计的时间，流动时间与黏度计的毛细管常数的乘积，即该温度下液体测定的运动黏度。

21.3　实验内容和步骤

按试验温度，将恒温器中的油浴或水浴控制在该温度下并恒定在 ±0.1℃。

根据试样黏度范围和规定的试验温度，选用常数适当的毛细管黏度计，务使试样的流动时间能在（300±180）s 范围内。

将选定的毛细管黏度计用汽油或石油醚洗涤清洁，并放入温度不高于100℃的烘箱进行干燥。

将选用的清洁、干燥的毛细管黏度计装入试油。黏度大的试油可以适当加热。

装油的方法是：用一小节橡皮管套在黏度计支管5上，将黏度计倒置，用食指堵住管身B的管口，大拇指和中指夹住管身，然后将管身A插入装着试油的小烧杯中，用洗耳球从支管口5将液体吸到标线b，当液面达到标线b时，就从小烧杯中提起黏度计并迅速恢复其正常状态，同时将管身4的管端外壁所沾着的试油擦去，并把支管5上的橡皮管取下套在管A上，装油时要根据试油的黏度决定抽油的速度，注意管身4要放在试油中部，避免液体在管内产生气泡或裂隙。

将装有试油的黏度计浸入事先加热并达到规定温度的恒温浴中，并用夹子将黏度计固定在支架上。在固定时必须把毛细管黏度计的扩张部分3浸入一半。温度计水银球的位置必须接近毛细管1中央点的水平面，同时温度计上所要的测温点的刻度位于恒温浴的液面上约10mm 处。

黏度计在恒温浴中达到规定的恒温时间（100℃恒温时间 20min；50℃恒温时间 15min；

20℃恒温时间 10min)时。试验温度必须保持恒定到 ±0.1℃。用洗耳球在黏度计管 A 将试油吸入扩张部分 2，使试油液面稍高于标线 a，然后将黏度计调整成为垂直状态。

观察管身 A 中试油的流动情况，当液面正好达到标线 a 时，开动秒表，液面正好到达标线 b 时，停止秒表，记录试油流经的时间(s)和恒定温度，准确至 0.1℃。注意在整个试验过程中毛细管和扩张部分中的液体不能有气泡。

保持规定的恒定温度，重复测定至少 4 次。且每次的流动时间与其算术平均值的差数不超过平均值的 ±0.5%；在低于 −10℃ 温度测定黏度时，其差数可适当增大。然后取不少于 3 次的流动时间所得的算术平均值作为试样的平均流动时间。

21.4　实验数据处理

实验数据记录表见表 21 – 1。

表 21 – 1　黏度实验数据表

试 油 名 称				
毛细管常数/(mm^2/s^2)				
水(油)浴温度/℃				
每次流动时间/s				
平均流动时间/s				
流动时间允许差数/s				
流动时间实际差数/s				
测定结果/(mm^2/s)				

（1）在温度 t 时，试样的运动黏度 v_t(mm^2/s) 按式(21 –1)计算：

$$v_t = C \cdot \tau_t \tag{21 – 1}$$

式中　C——黏度计常数 mm^2/s^2；

　　τ_t——试样的平均流动时间，s。

例：毛细管黏度计常数为 $0.0478mm^2/s^2$，在40℃时测得试样的流动时间分别为 318.0s、322.6s、321.0s、322.4s，流动时间的算术平均值为

$$\tau_{40} = \frac{318.0 + 322.6 + 321.0 + 322.4}{4} = 321.0s$$

各次流动时间与平均流动时间的允许差数为：$21.0 \times \pm0.5\% = \pm1.6s$

各次流动时间实际差数分别为：−3、+1.6、0、1.4，其中 318.0 超过 1.6(±0.5%)，应弃去，然后取另三个数重新计算，得到平均流动时间为 322.0s(符合要求)，用式(21 –1)计算，得到试油的运动黏度为

$$\tau_{40} = 0.0478 \times 322 = 15.1mm^2/s$$

21.5　实验报告要求

（1）平行测定两个结果之差不应超过算术平均值的 1.0%。

（2）取其算术平均值为测定结果。

21.6　思考题

(1) 什么叫运动黏度？

(2) 叙述运动黏度的测定原理。

(3) 为什么要规定毛细管黏度计中液体的流动时间范围？

(4) 测定黏度时，为什么要严格控制恒温？

(5) 运动黏度测定时试样中为什么不能有水分、机械杂质或气泡存在？

(6) 测定时黏度计为什么要处于垂直状态？

(7) 黏度测定在实际生产中有何意义？

附录　运动黏度测定的影响因素

(1) 运动黏度测定影响因素很多，主要有温度能否保持在恒定±0.1℃的范围，因为温度对黏度测定影响最大，液体石油产品的黏度随温度的升高而减小随温度的下降而增大，故在测定时严格规定恒定温度为±0.1℃。否则，哪怕是极微小的温度波动，也会使黏度测定结果产生较大的误差。

(2) 试样中含有水分、机械杂质或毛细管黏度计不干净时，由于毛细管很细，会因水分或机械杂质而堵塞毛细管，影响试样在毛细管中的正常流动。增长测定的流动时间，使测定结果偏高。

(3) 测定时的流动时间是否在规定范围内，时间长短对测定结果影响也较大。因为毛细管法测定黏度的原理是根据泊塞耳方程式求出液体的动力黏度，而泊塞耳方程式是适合于液体处于层流的流动状态。如果液体流速过快，就不能保证液体在管中的流动为层流，而且流动时间读数误差大，得出的结果误差也大。如果液体流动速度太慢，虽然是层流流动状态，但由于测定时间太长而使温度波动，不易保持恒温，使测定结果不准。因此，GB/T 265—1988 法规定试样在毛细管中的流动时间在(300±180)s 范围内。

(4) 测定时，黏度计是否垂直，如果黏度计不垂直，会改变液柱高度而改变了静压力，还会增加液体流动的阻力，使测定结果产生误差。

此外，黏度计在装油和测定时不能有气泡存在，以免液体在毛细管中形成非连续性的流动，使流动时间拖长，测定结果偏高。其他的如毛细管黏度计是否标准、黏度计常数和秒表的准确度也是关键。

22 深色石油产品黏度测定实验

22.1 实验目的

了解深色石油产品黏度的测定方法及其计算。

22.2 测定原理

同 GB/T 265—1988 石油产品运动黏度测定法。

22.3 实验内容和步骤

将选用的清洁、干燥的黏度计垂直倒立，使毛细管一端浸入小烧杯试样中，用洗耳球抽取试样，使试样充满 A 球并流到标线 a 处为止。取出黏度计，擦净毛细管上所沾的试样，使黏度计微微倾斜，以便使试样由自重而慢慢从 A 球经毛细管流入 B 球，直到 B 球中进入少量的试样时，然后用一端已夹紧的短胶管套在 A 球上端的管子上，让黏度计垂直放入恒温浴中，当达到恒温时间要求后，放开夹子，使试样自动注入 B 球，当试样面正好达到标线 b 时，开动第一只秒表，当试样面正好达到标线 c 时，停止第一只秒表，同时开动第二只秒表，当试样面正好达到标线 d 时，停住第二只秒表。测定某一试样的黏度时，每一试验温度应做重复测定。

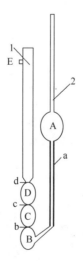

图 22 - 1 逆流法毛细管黏度计

a—毛细管；A、B、C、D—球 b、c、d—标线；1, 2—管身；E—支管

22.4　实验数据处理

用各球中所测得的液体流动时间的秒数，乘以各球的黏度计常数，然后将两球所得的结果求算术平均值，作为试样的运动黏度。按下式算出 C 球及 D 球所测出的两个结果：

$$v_C = C_c \cdot t_c$$
$$v_D = C_D \cdot t_D$$

式中　C_C 和 C_D——C 球和 D 球的黏度计常数，mm^2/s^2；

　　　　t_C 和 t_D——试样在 C 球和 D 球的流动时间，s。

在温度 t 时试样的运动黏度 v_t 按下式计算：

$$v_t = \frac{v_C + v_D}{2}$$

式中　v_c 和 v_D——C 球和 D 球的测定结果。

22.5　实验报告要求

重复测定两个结果间的差数不应超过算术平均值的 ±1.5%，取其平均值为测定结果。

23　动力黏度测定实验

23.1　实验目的

(1)了解石油产品动力黏度的测定方法(阅读附录　旋转黏度测定实验相关内容)。
(2)掌握运动黏度与动力黏度的换算方法。

23.2　实验原理

旋转黏度计所测出的结果为动力黏度,动力黏度是液体流动的内摩擦系数,其数值等于液体流动的剪切应力与剪切速率之比。用符号 η 表示,在温度 t 时的动力黏度以 η_t 表示。其法定计量单位为 Pa·s(帕秒)或 mPa·s(毫帕秒)。

旋转黏度计是由电机经变速带动转子做恒速旋转。当转子在某种液体中旋转时,液体会产生作用在转子上的黏性力矩。液体的黏度越大,该黏性力矩也越大;反之,液体的黏度越小,该黏性力矩也越小。该作用在转子上的黏性力矩由传感器检测出来,经计算机处理后可得出被测液体的黏度。

23.3　实验内容和步骤

(1)仪器安装
①将带齿立柱旋入主机底座的螺孔之中,立柱上的齿形面面向底座的正前方,用扳手拧紧立柱上的螺母,以防止立柱转动。
②把黏度计机头的升降夹头装在立柱上,旋动升降旋钮,使黏度计机头能上下移动。若发现升降旋钮转动时有过紧或过松的情况,可调节升降夹头下底面的紧松螺钉。在黏度计机头移动到适当位置时,可拧紧升降夹头后部的锁定螺钉以固定住黏度计机头。
③旋松黏度计机头下方的黄色保护帽上的紧固螺钉,取下保护帽。
④调整主机底座上的三个水平调节螺钉,使黏度计机头上的水准泡处于中间位置。
⑤接上打印机的电源线,连接好黏度计机头打印机的串口传输线。
⑥检查仪器的水准器气泡是否居中,保证仪器处于水平的工作状态。
⑦准备好被测液体,将被测液体置于烧杯或直筒形容器,其直径不小于 70mm,高度不低于 125mm。
⑧按实验要求准确控制好被测液体的温度。
⑨估算被测液体黏度,由量程表中选择适宜的转子和转速。当估算不出被测液体的大致黏度时,选用由小到大的转子(转子号由高到低)和由慢到快的转速。原则上高黏度的液体选用小转子(转子号高),慢转速;低黏度的液体选用大转子(转子号低),快转速。
⑩缓慢调节升降旋钮,调整转子在被测液体中的高度,直至转子的液面标志(凹槽中

部)和液面相平为止。

(2)测定

①打开电源开关，光标停在转子设定项中。根据油品的黏度，在附表23－2黏度测量量程表中选择合适的转子和转速。按▷键，设定所需的转子号。按▼键可切换到转速位置，光标停止在0.3r/min的位置，按▷键可设定所需的转速。当选择好转子和转速档位后，按"确定"键，转子开始旋转，并开始进行测量，显示结果。屏幕中的转速单位为r/min；黏度的单位为mPa·s；百分比指的是所测黏度为该档位满量程的百分数，测量时量程百分比读数应在10%～90%之间为准。如测量显示值闪烁，表示溢出或不足，应更换量程。右边的竖条显示为采样的进程。记录数据。

②按"复位"键，仪器停止测量。改变测定条件时必须重新设定转子和转速档位。

23.4　实验数据处理

实验数据记录表见表23－1。

表23－1　旋转黏度实验数据表

试油名称				
转子号： 百分比：	转速： 温度：			
转子号： 百分比：	转速： 温度：			
转子号： 百分比：	转速： 温度：			
转子号： 百分比：	转速： 温度：			

23.5　思考题

(1)什么叫动力黏度？

(2)旋转黏度计的测定方法。

(3)测定时要注意什么问题？

附录　旋转黏度测定实验相关内容

(1)仪器使用注意事项

①熟悉并掌握仪器设备的结构、组成及工作原理。

②装卸转子时应小心操作，要将仪器下部的连接螺杆轻轻地向上托起后进行拆装，不要用力过大，不要使转子横向受力，以免转子弯曲。连接螺杆和转子连接端面及螺纹处应保持清洁，否则将影响转子的正确连接及转动时的稳定性。

③装上转子后不得在无液体的情况下旋转，以免损坏轴尖和轴承。

④每次使用完毕应及时清洗转子，清洗时要拆卸下转子进行清洗，严禁在仪器上进行转子的清洗，转子清洗后要妥善安放在存放箱中。

⑤仪器搬动和运输时应套上黄色保护帽托起连接螺杆，并拧紧保护帽上的紧定螺钉。

⑥仪器不得侧放或横向放置，不得随意拆卸和调整仪器的零部件，不要自行加注润滑油。

（2）影响测定结果的因素

①精确控制被测液体的温度。

②转子以足够长的时间浸于被测液体中同时进行恒温，使其能与被测液体温度一致。

③保证被测液体的均匀性。

④测量时尽可能将转子置于容器中央。

⑤保证转子的清洁并防止转子浸入被测液体时带有气泡。

⑥使用保护架进行测量。

⑦悬浊液、乳浊液、高聚物及其他高黏度液体中很多都是非牛顿液体，其表观黏度往往随切变速度和时间的变化而变化，故在不同的转子、转速和时间下测定，其结果不一致是属正常情况，并非仪器不准。一般非牛顿液体应规定转子、转速和时间进行测定。

附表23-1　动力黏度转子及转速选用范围(量程表)

附表23-1　动力黏度转子及转速选用范围(量程表)

转速/(r/min) ＼ 满量程值/(mPa·s) ＼ 转子	1	2	3	4
60	100	500	2000	10000
30	200	1000	4000	20000
12	500	2500	10000	50000
6	1000	5000	20000	100000
3	2000	10000	40000	200000
1.5	4000	20000	80000	400000
0.6	10000	50000	200000	1000000
0.3	20000	100000	400000	2000000

24　石油产品酸值测定实验

24.1　实验目的

(1)掌握酸值测定的概念。
(2)学会和掌握酸值测定的操作方法。
(3)明确酸值测定的影响因素(阅读附录　酸值测定实验的影响因素)。

24.2　实验原理

酸值的测定原理是利用沸腾的乙醇抽提出试油中的有机酸,再用已知浓度的氢氧化钾乙醇溶液进行滴定,通过指示剂颜色的改变来确定其终点,由滴定用去氢氧化钾乙醇溶液的体积计算出试油的酸值。

24.3　实验内容和步骤

用清洁、干燥的锥形烧瓶称取试样 8~10g,称准至 0.2g。在另一只清洁无水的锥形烧瓶中,加入95%乙醇50mL,装上回流冷凝管。在不断摇动下,将95%乙醇煮沸5min,除去溶解于95%乙醇内的二氧化碳。

在煮沸过的95%乙醇中加入 0.5mL 碱性蓝溶液,趁热用 0.05mol/L 氢氧化钾乙醇溶液中和直到溶液由蓝色变成浅红色为止。如乙醇未中和滴定或滴定过量时,呈现浅红色,可滴入若干滴稀盐酸至微酸性,再重新中和滴定。

将中和过的95%乙醇注入装有已称好试样的锥形烧瓶中,装上回流冷凝管。在不断摇动下,将溶液煮沸5min。在煮沸过的混合液中,加入0.5mL 碱性蓝溶液,趁热用 0.05mol/L 氢氧化钾乙醇溶液滴定,直至乙醇层由蓝色变成浅红色为止。对于滴定终点不能呈现浅红色的试样,允许滴定达到混合液原有颜色开始有明显改变时作为终点。

在每次滴定过程中,从锥形烧瓶停止加热至滴定达到终点所经过的时间不应超过3min。

24.4　实验数据处理

实验数据记录表见表 24 - 1。

表 24 - 1　酸值测定实验数据表

试 油 名 称				
滴定度/T				
试油重量/g				

试 油 名 称			
KOH – C$_2$H$_5$OH 滴定量/mL			
酸值/(mgKOH/g)			
平行测定差数			
结果/(mgKOH/g)			

试样的酸值 X，用 mgKOH/g 的数值表示，按式(24 – 1)计算：

$$\chi = \frac{V \times T}{m} \quad (24-1)$$

$$T = 56.1 \times c_{KOH}$$

式中　V——滴定时所消耗氢氧化钾乙醇溶液的体积，mL；

　　　m——试样的质量，g；

　　　T——氢氧化钾乙醇溶液的滴定度，mgKOH/mL；

　　56.1——与 1L 盐酸标准滴定溶液 \ [c_{HCl} = 1.00mol/L \ ] 相当的以克表示的 KOH 的质量；

c_{KOH}——氢氧化钾乙醇溶液的浓度，mol/L。

24.5　实验报告要求

(1)平行测定两个结果的差数不应超过下值。

範围：mgKOH/g　　　　　mgKOH/g

0.1 以下　　　　　　0.04

0.1 ~ 0.5　　　　　　0.10

大于 0.5　　　　　平均值的 15%

(2)取重复测定两个结果的算术平均值作为试样的酸值。

24.6　思考题

(1)简述酸值概念。

(2)油品中的酸性物质通常指的是哪些？

(3)简叙酸值测定的原理。

(4)为什么要选择 95% 乙醇作为酸值测定的溶剂？

(5)酸值测定时规定两次煮沸 5min 和滴定不超过 3min 的原因是什么？

(6)指示剂的加入量多或少对测定结果有无影响？

(7)酸值测定有何实际意义？

附录　酸值测定实验的影响因素

石油产品的酸值和酸度都是用来表明油品中含有酸性物质的指标。油品中所测得的酸值(度)为有机酸和无机酸的总值。在大多数情况下，油品中没有无机酸存在，所测得的酸值(度)实际上是代表油品中所含高分子有机酸的数量。

酸值是以中和1g油品所需氢氧化钾的毫克数表示，mgKOH/g。

根据油品的性质，测定酸度和酸值的方法可分为两大类，一类是颜色指示滴定法，就是根据所用的酸碱指示剂颜色的变化来确定滴定终点；另一类是电位滴定法，就是根据电位的变化来确定滴定终点。

（1）选择95%乙醇，是因为有机酸在95%乙醇中溶解度很大，可以较彻底地把试样中的有机酸抽提出来。乙醇中含有5%的水分，同时加热沸腾，有利于有机酸的抽出。

（2）配制浓度为0.05mol/L氢氧化钾乙醇溶液，其目的是便于和已抽提到乙醇中的有机酸在同一相中迅速完全地进行反应；浓度小可减少滴定的相对误差。

（3）指示剂是判断终点和结果准确性的基准物，选择适当的指示剂在油品的酸值的测定中是一个十分重要的条件。因此所用的指示剂必须是变色范围处于或部分处于等当点附近pH突跃范围内，变色才明显。此外指示剂的变色要和试样的颜色能区分开。

（4）酸值测定时规定两次煮沸5min和滴定不超过3min的条件。这是因为室温下空气中的二氧化碳极易溶于乙醇中，油品的酸值一般都很小，这样二氧化碳对测定结果影响较大。为防止因二氧化碳的影响而使测定结果偏高，就必须煮沸并趁热滴定。加热煮沸有利于将试样的有机酸抽提到乙醇中。中和乙醇溶剂必须趁热滴定，一方面是为了避免二氧化碳对测定结果的影响，另一方面是为了和后面中和试样的条件一致，否则会使测定结果偏低。趁热滴定还可避免某些油品和乙醇混合液形成乳化液而妨碍滴定时对颜色变化的判断。

第4篇 管输模拟和油库小呼吸蒸发实验

25 等温输油管路实验

25.1 实验目的

(1)学习测定管路的 $H - Q$ 特性曲线。用图解法求出管路与泵站配合工作时的工作点。了解"泵到泵"运行的输油管路各站协调工作的情况。

(2)观察管线发生异常工况或突然事故时(如某泵站突然停电等)全线运行参数的变化。学会根据参数变化,分析事故原因、事故发生地点及应采取的处理措施,在实验中加以验证。

(3)观察翻越点实验,记录翻越点的流量及工况,消除翻越点的条件。

(4)进行清管器收发球演示实验,学习操作方法。

(5)了解计算机数据采集系统的组成及运行情况。

25.2 实验原理

在等温输送管道实验系统中,泵站和管道组成了一个统一的水力系统,管道所消耗的能量(包括终点所要求的剩余压力)等于泵站所提供的压力能,二者必然保持能量供需的平衡关系。

全线的压力供需平衡关系式如下:

$$H_{s1} + N(A - BQ^{2-m}) = fLQ^{2-m} + (Z_2 - Z_1) + Nh_m + H_t \qquad (25-1)$$

式中　Q——全线工作流量,m^3/s;

　　　N——全线泵站数;

　　　f——单位流量的水力坡降,$(m^3/s)^{m-2}$;

　　　H_{s1}——管道首站进站压头,m 液柱;

　　　H_t——管道终点剩余压头,m 液柱;

　　　L——管道总长度,m;

　Z_2、Z_1——管道起/终点高程,m;

　　　h_m——每个泵站的站内损失,m 液柱。

实验管线采用不锈钢管材,全线建有 4 个泵站,每泵站设有两台离心泵,站内采用串联输送方式,全线采用泵到泵密闭输送,工艺流程。如图 25 - 1 所示。实验中 1# ~ 4#站的单号泵同时运行为正常工况。

（1）各站的离心泵工作参数

流量/（m³/h）	3	6.3	9	15	17	18
扬程/m	28	27	25	24	23	22.5

中间泵站流程中，在3#泵站到4#泵站之间，设置收发清管器装置中间采用有机玻璃透明管道，便于观察清管器的运行情况。在2#泵站到3#泵站之间，设置管线模拟堵塞点和泄漏点。在末站之前，设置一个高点作为管线翻越点。

（2）站内及站间流程设计

全线采用密闭输送方式，总共有首站1座，中间泵站2座，末站1座。

首站流程有：　　　　正输、站内泵串联。

中间泵站流程有：　　正输、压力越站。

末站流程有：　　　　正输、收清管球、翻越点实验。

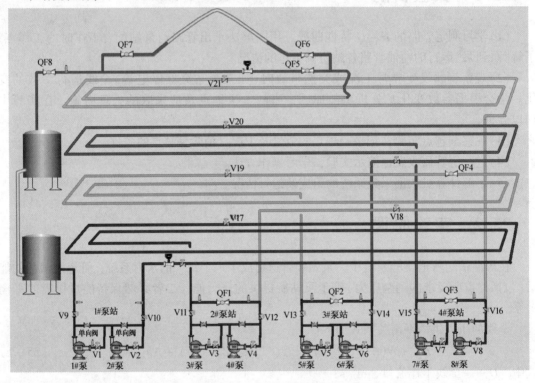

图25-1　等温输油管道模拟实验装置流程图

25.3　实验内容和步骤

根据《输油管道设计与管理》课程的要求，确定的实验内容如下：给实验架操作控制台送电，开启泵站总电源，打开计算机数据采集系统，做好准备工作。

（1）学习管线正常启动，正常启停泵站的操作方法

按下操作台上1#泵的开关给泵站上电，在按下泵站启动开关，启动1#泵，启动顺序为1#泵、3#泵、2#泵、4#泵，隔站顺序启动。管线正常启动时注记录各站压力，分析压力参数的变化情况。停运时的顺序与此相反。

全线以四个泵站的单号泵全部投入运行作为正常工况,规定各站进站压力不得低于 -10kPa,出站压力不得高于230kPa。

（2）测定管路特性曲线

管路特性曲线是指管路摩阻损失和流量之间的关系,见图25-2。测定管路特性的过程就是改变管线输量,记录各站进、出站压力,测出各泵站之间的管路摩阻损失。以便用图解法求出正常工作时管路系统的工作点,各站进、出站压头。实验步骤如下:

先开 1#泵,打开 1#泵的出口阀,待全线压力稳定后,记录一组压力和流量。

再顺序打开 5#泵、3#泵、7#泵,最后再增加 2#泵,待全线压力稳定后,各记录一组压力和流量。

可以作图计算出全线的管路特性曲线。并根据泵的性能曲线用图解法求出管路系统的工作点。

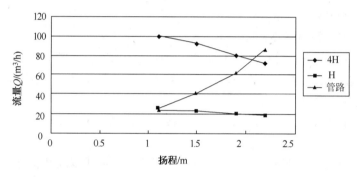

图25-2　管路特性曲线

（3）异常工况及事故分析处理

①模拟泵站突然停电。停 2#泵站,模拟突然停电。记录各站压力及流量。理论分析应采取什么调节措施才能使管线重新恢复正常工作(即各站的进出站压力处于规定范围),并在实验中加以验证。调节好管线的运行参数后,记录各站的进出压力、流量。

②模拟管路堵塞。实验架恢复到正常工作状态,关小堵塞阀门模拟管路堵塞情况。理论分析应采取什么措施才能使管线恢复正常工作,记录采取措施调节前后的压力流量数据,并加以验证。

③管道泄漏检测实验。实验装置恢复到正常运行工况,打开泄漏阀,记录泄漏后各站进出站压力和漏点前后流量。

在发生异常工况时,要根据监控系统采集的实验数据进行分析和判断。若发生停电和模拟堵塞的事故后,采取的主要处理措施就是泵站特性调节,即在泵出口阀进行节流调节。在发生管线泄漏后,要及时发现,查找漏点。

（4）收发清管球演示

熟悉清管器发送流程的操作程序和收清管器流程的操作程序。

图25-3　收发球系统流程图

如图 25 – 3 所示，正常情况下，打开阀 Q40 – 2 和 Q40 – 8，再开 Q40 – 11 和 Q40 – 3，运行稳定后，关闭 Q40 – 1。打开发球筒放清管器，依次打开阀 Q40 – 7，Q40 – 9，Q40 – 12 和 Q40 – 10，发球开始，观察清管器在管内运行情况，记录收发球时间。收球时，与此相反，关闭 Q40 – 12 和 Q40 – 10，打开清管器取出。

（5）翻越点演示实验

翻越点是长距离输油管道必须考虑和经常遇到的工艺问题。如下式成立，则翻越点存在：

$$iL_3 + (Z_3 + Z_1) > iL + (Z_2 - Z_1) \tag{25-2}$$

式中　i——水力坡降；

　　　L——站间距离；

　　　L_3——由出站到翻越点的距离，m；

　　　Z_1——本站阀室标高，m；

　　　Z_2——下站阀室标高，m；

　　　Z_3——翻越点的管道标高，m。

在翻越点后的一部分管段将出现不满流，即通过局部流速的增加来消耗剩余压力。不满流现象的存在，将影响管道运行的平稳性，使管道内压力波动增大，更容易产生水击现象，且水击压力变化的幅度也将加大。

学习如何设计翻越点，记录出现翻越点全线运行数据，并加以验证。

（6）泵特性调节方法

①调节转速；②进、出口阀门节流调节；③回流调节；④车削叶轮直径（10%、20%）。

25.4　数据采集系统

数据采集系统软件用组态软件编制，硬件采用西门子 S7 – 200PLC。数据采集系统在每个泵站布置 3 个压力变送器，分别测量泵站入口、1#泵出口、泵站出口的压力。在 1#泵站出口布置 1 个流量计，在 4#泵站出口后布置 1 个流量计，分别测量管线泄漏点前后的流量。

所有的压力和流量信号均为标准 4 ~ 20mA 信号，传入数据采集箱供计算机采集。

（1）研华采集卡 PCI1716

选用研华 PCI1716 作为数据采集模块，16 路模拟量输入模块，配接端子，接入压力和流量传感器。

（2）涡轮流量计

该流量计由涡轮流量变送器、前置放大器、数字积算器、瞬时流量（频率）指示表组成。当流体流过变送器时，变送器的叶片旋转，将流体动能转化成电能输出，产生电脉冲信号，输出的电脉冲频率 f 与流量 Q 之间成线性关系：$Q = \dfrac{f}{\xi}$，其中 ξ 是涡轮流量计每流过单位体积液体时发出的电脉冲数（脉冲次数/升），即涡轮流量计的平均常数。

（3）压力传感器

在实验装置中，泵站的进站压力有时要低于大气压或者为真空，因此需要选用绝压传感器，其压力零点为真空；泵站的出站压力一般要高于大气压，只需选用表压传感器，压力零点为大气压。实验装置管线中最高压力为 0.5MPa。本次实验共安装了 13 个压力传感器，其中 P_1、P_4、P_7、P_{10} 四个传感器为绝压传感器，接在各泵站的进口处，其余传感器为表压传感器，接在各站1#泵的出口和泵站出口处。各传感器相对于起点的位置如下表所示：

传感器标号	首站			2#站
	P_1	P_3	P_4	P_6
距起点的位置/m	0	0.8	52	52.8
传感器标号	3#站			末站	
距起点的位置/m	P_7	P_9	P_{10}	P_{12}	P_{13}
	104.8	105.6	157.6	158.4	210.4

注：P_{13}在实验装置末端，距离210m。

25.5 数据数据处理

实验数据记录表见表25-1、表25-2。

表25-1 实验数据记录表

状态	P1	P2	P3	P4	P5	P6	P7	P8	P9	P10	P11	P12	P13	Q_1	Q_2

表25-2 流量和扬程关系表

流量	
扬程(H)	
扬程($4H$)	

25.6 实验报告要求

(1)将实验数据整理列表。

(2)在直角坐标纸上绘出各站的泵特性，管路特性曲线。用图解法求4个泵站运行时的工作点，求出各站进、出站压力，并与实测结果对比。

(3)比较各种事故工况和正常工况的数据，分析事故工况对运行参数的影响。讨论应采取的措施。

(4)从能量供求关系的角度讨论事故工况1和2的运行参数有什么相同和不同之处。

25.7 思考题

(1)为什么要关闭泵出口阀后才能启动离心泵？往复泵能否这样做？

(2)当首站提供的能量不足以把相应输量的液体输送到管路终点时，应怎样启动长输管线？这样常发生在什么情况下？

(3)到流程操作时，为使管线不至于憋压，应注意些什么？

(4)根据哪些管线数据来判断输油管线工况是否正常？

(5)若漏油发生在首站出口处或第四站末端，各站运行参数怎样变化？如何根据参数变化来判断漏点位置？

26 气液两相流流型测试

26.1 实验目的

(1)通过实验、观察气液两相流的各种流型。

(2)掌握流型的测量方法。

(3)分析和探讨两相流动中流型的影响因素。

26.2 实验原理

(1)流程

来自压缩机的空气经过测定压力、温度、流量后进入混合器中与来自离心泵、并经过计量后的水混合；然后，气液两相流体先进入到(DN25 或 DN50)水平测试管段，经可调倾角的 DN25 或 DN50 上、下坡测试管段；最后经 DN80 水平测试管进入分离罐，空气从分离罐上方排出，水进罐循环使用。

(2)实验设备和方法

离心泵，气液涡轮流量计组，手动电动球阀，混合器，压力表、压力传感器、温度传感器，持液率测量及观察管，气液分离器及储水罐，GA30 – C 型压缩机及储气罐等。

实验管段有 $\phi32 \times 2.5$、$\phi60 \times 3$、$\phi89 \times 3.5$ 三种规格共 7 个实验测试管段 +2 个 $\phi60 \times 3$ 竖直观察管段，每个测试管段配置有机玻璃管，可观察管内流型。

26.3 实验内容和步骤

观察气液两相流的各种流型，分析流型的影响因素。

(1)组织学生进行实验预习，搞清实验流程。

(2)细心观察老师启动实验步骤，并做记录。

(3)观察研究老师是怎样调节管路内流型的，实验中看到哪几种流型？并对观察到的流型进行描述和分析。

(4)实验数据交教师检查，认为合格后，方可结束实验；若老师认为数据误差太大，应重新测定。

(5)实验结束后，清理实验室，恢复实验前状态。

(6)未经教师许可，不得乱动实验架上的阀门、仪表等设备。否则，由此引起的设备损坏，学生应负一定经济责任。

26.4　实验数据处理

实验数据记录表见表 26 – 1。

表 26 – 1　流型测试数据记录表

流型	P0	P1	P2	P3	P4	P5	P6	P7	P8	Tg	Tm	Ql	Qq
气泡流													
气团流													
段塞流													
分层流													
波浪流													
环状流													
弥散流													

26.5　实验报告要求

(1) 简述实验中所观察到的流型并分析影响流型的各种因素。

(2) 根据实测参数用 Brill 法判断 DN50 水平、上坡、下坡管段的流型，用 Mandhane 法判断 DN50 水平管段的流型，并与实验观察到的流型进行对比。

26.6　思考题

(1) 简单分析一下那些流型容易在下坡管段出现。

(2) 简述调节实验气液流量比的注意事项。

27　气液两相流压降及截面含液率的测量

27.1　实验目的

(1)掌握测量管段压降和截面含液率的测量方法。
(2)分析和探讨两相流动中截面含液率及压降的影响因素。

27.2　实验原理

(1)流程

　　来自压缩机的空气经过测定压力、温度、流量后进入混合器中与来自离心泵、并经过计量后的水混合；然后，气液两相流体先进入到(DN25 或 DN50)水平测试管段，经可调倾角的 DN25 或 DN50 上、下坡测试管段；最后经 DN80 水平测试管进入分离罐，空气从分离罐上方排出，水进罐循环使用。其流程示意图见图 27 - 1。

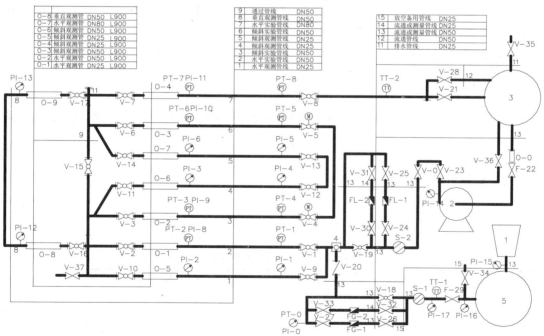

图 27 - 1　两相流实验装置流程图

1—空气压缩机；2—离心泵；3—水罐；4—气液混合器；5—气液分离罐；S—过滤器；O—观察管；FL—液体流量计；
FG—气体流量计；V1 - V19—球阀；V20—单向阀；V21 - 37—闸阀；PT—压力传感器；
PI—压力表；TT—温度传感器；HJ—活接头

(2)实验设备和方法

　　离心泵，气液涡轮流量计组，手动电动球阀，混合器，压力表、压力传感器、温度传感器，持液率测量及观察管，气液分离器及储水罐，GA30 - C 型压缩机及储气罐等。

实验管段有 $\phi32 \times 2.5$、$\phi60 \times 3$、$\phi89 \times 3.5$ 三种规格共 7 个实验测试管段，每个测试管段配置有机玻璃测量及观察管。用压力传感器测量管段压力，用两个压力传感器读数之差测量管段压降，用快速关闭测量管段两端阀门的方法测量截留在管内的液体量，利用称重法，从而计算出截面含液率，各实验管段间测压点的长度如下表：

管段规格 / 管段类别	$\phi32 \times 2.5$		$\phi60 \times 3$		$\phi89 \times 3.5$	
	压力间距	球阀间距	压力间距	球阀间距	压力间距	球阀间距
水平管	13.40	14.63	13.40	14.61	13.33	14.63
下坡管	12.60	14.33	12.74	14.39		
上坡管	12.61	14.36	12.75	14.39		

27.3　实验内容和步骤

（1）组织学生进行实验预习，搞清实验流程、实验架各测压点、测温点的位置以及气、液流量测量仪表。

（2）细心观察老师启动实验架步骤，并做记录。

（3）把气液量调节到某一数值，待流动状态稳定后，测量 DN50 水平、上坡、下坡实验管段的压降和截面含液率。

（4）实验数据交老师检查，认为合格后，方可结束实验，若老师认为数据误差太大，应重新测定。

（5）实验结束后，清理实验室，恢复实验前状态。

（6）未经老师许可，不得乱动实验架上的阀门、仪表等设备。否则，由此引起的设备损坏，学生应负一定经济责任。

27.4　实验数据处理

实验数据记录表见表 27 - 1。

表 27 - 1　流型计算数据表

流型	P0	P1	P2	P3	P4	P5	P6	P7	P8	Tg	Tm	Ql	Qq	M1	M2	M3
气泡流																
气团流																
段塞流																
分层流																
波浪流																
环状流																
弥散流																

注：M1：水平测试段含液量（kg），M2：上升测试段含液量（kg），M3：下降测试段含液量（kg）。任选一种流型进行数据计算处理。

106

（1）实验数据采用单位

流体流量	L／s	内径	$DN50(0.054\text{m})$
气体流量	L／s	管段倾角	（°）
管段压降	Pa	管段放出液重	kg
压力	Pa	温度	℃

（2）某些参数的计算方法

①20℃时水的黏度为 $\mu_{20}=0.001002$ 帕·秒，$0℃<t<20℃$ 时，黏度用下式表示：

$$\mu_t = \mu_{20} \cdot 10^{\left[\frac{1301}{998.333+8.1855(t-20)+0.00585(t-20)^2}-1.30233\right]} \tag{27-1}$$

$20℃<t<100℃$ 时，

$$\mu_t = \mu_{20} \cdot 10^{\left[\frac{1.3272(20-t)-0.001053(t-20)^2}{t+105}\right]} \tag{27-2}$$

②气体流量和密度的计算

气体流量是在 p_1、t_1 条件下，由气体涡轮流量计测得。把实测气体量换算为实验测试管段压力、温度条件下的气体流量需应用气体状态方程。为此，需把表压换算成绝对压力、温度换算成绝对温度。

在标准大气压、0℃下，空气的密度为 1.293kg/m^3。据此，可用状态方程求得测试管段平均压力及温度条件下的空气密度。

③气体黏度

测试条件下，空气黏度与管路压力关系不大，只和温度有关，可近似用下式估算：

$$\mu_g = [184+0.43(T-300)]10^{-7} \quad \text{Pa} \cdot \text{s} \tag{27-3}$$

式中　T——管段绝对温度，K。

④按布里尔法确定流型时，需要水－空气表面张力数据，可按下式计算：

$$\sigma = (75.831-0.15568t)10^{-3} \text{ N/m} \tag{27-4}$$

式中　t——管段温度，℃。

⑤管段粗糙度

液体管壁绝对当量粗糙度取 0.1mm，气管取 0.05mm。

⑥截面含液率

由洛－马参数求截面含液率，可按下式计算：

$$H_L = 0.1461+0.1639\ln X+\frac{0.08}{X}+\frac{0.0273}{X\ln X}+\frac{0.001095}{X^2} \tag{27-5}$$

（3）测试管段的平均压力

为避免繁琐的迭代计算，各测试管段的平均压力规定如下：

水平管	$\bar{p}=(p_1+p_2)/2$	(27-6)
上坡管	$\bar{p}=(p_3+p_4)/2$	(27-7)
下坡管	$\bar{p}=(p_5+p_6)/2$	(27-8)

（4）管段的实测压降

实验装置用压力传感器测量管段压力，用两个压力传感器读数之差测量管段压降，读数为 kPa。

（5）管段平均截面含液率

$$H_L = \frac{管段放出水质量}{管段体积 \times 水密度} \qquad (27-9)$$

27.5　实验报告要求

（1）根据实验工况用贝－布法计算 $DN50$ 水平、上坡、下坡管段的压降和截面含液率，并与实测压降和截面含液率进行对比，计算相对误差并简明分析原因。

（2）根据实验参数用 Mukherjee-Brill 法计算 $DN40$ 下坡、上坡管段的压降和截面含液率，并与实测压降和截面含液率进行对比，计算相对误差并简明分析原因。

（3）由实验工况用洛－马法求 $DN50$ 水平管的压降和截面含液率，并与实验测得的压降和截面含液率进行对比，计算相对误差。

（4）用洛－马－弗莱聂根法求 $DN50$ 上坡管段的压降，并与实测压降进行对比。

27.6　思考题

（1）分析实验中所观察到的影响压降和截面含液率的因素。

（2）简述开启压缩泵和压缩罐的注意事项。

28　量气法测定小呼吸蒸发损耗实验

28.1　实验目的

(1)通过实验对油罐由于温度变化引起的小呼吸损耗有感性认识,对罐内温度和浓度分布规律有初步了解。

(2)通过实测的蒸发损耗量来验证小呼吸损耗的理论计算公式,掌握计算蒸发损耗的方法。

(3)学习实测方法,培养科学实验的工作作风。

28.2　实验原理

本实验用量气法测定油罐的小呼吸损耗,这是测定蒸发损耗的方法之一,即用气体流量计直接测出油罐呼出气体的体积 Q ,再用奥氏气体分析仪测量出气体中所含邮品蒸气的浓度 C ,知道油蒸气的密度 ρ ,就可以通过公式 $G = QC\rho$ 计算蒸发损耗量。

本实验通过在油罐气体空间取三个测量点,在油品中取一个测量点来了解温度分布规律。在气体空间取三个取样点来了解浓度分布规律。由于模型油罐气体空间较小,测点少,因此所测数据不能很好反应温度和浓度分布规律,仅作参考。根据气体空间中点温度和浓度的测定,利用小呼吸损耗的理论公式计算损耗量,并同实测结果进行对比。

YK-2型小呼吸蒸发损耗实验装置主要由模型油罐、奥氏气体分析仪、水浴、太阳灯、气体流量计、计算机及数据采集处理软件等组成。

(1)模型油罐

模型油罐是中国石油大学(华东)储运实验室在多年实验使用的基础上,经不断改进完善,研制出的新一代多功能模型油罐。该油罐为全不锈钢制作,用于盛放是实验用的油品,油罐直径700mm,高度720mm,体积 $V = 260\text{L}$ 左右,配有上、中、下3个不同高度的取样口,取气口高度从罐底部算起,上部高度 = 620mm,中部高度 = 380mm、下部高度 = 130mm,取气口左右相距200mm。上、中、下、油品内4个测温点高度从低到高依次为60、130、380、620mm。各测点装有热电阻温度传感器,并配有多通道温度巡检仪自动测量温度。另设有液压呼吸阀、压力计和玻璃管液位计。取气口位置与气体空间中测温点位置相对应。

装样:实验时,将实验油品(汽油)从装样口装入,直到液位计的标记线,油品体积大约45L左右。

多通道温度巡检仪的连接:温度场探针装有4个不同位置的热电阻,分别用以测量下部、中部、上部气体空间和罐内油品的温度。探针从油罐上部传出,并通过导线连接到多通道温度巡检仪。

(2)奥氏气体分析仪使用方法

奥氏气体分析仪主要用于分析各种气体的组分,在此用于测量油罐内部气体空间油气混合气的油蒸气。它主要有吸收瓶、量气管、水准瓶和梳形分配管组成,以软胶管连接。

①分析前的准备工作

奥氏气体分析仪各部分应连接可靠，水准瓶与量气管用硅胶管连接，距离约80cm；量气管的循环水进出口与恒温循环水浴连接；奥氏气体分析仪取气口与油罐取样管路连接。

②玻璃仪器的装配

仪器的所有部位应该干净并使其干燥，各玻璃管接头处必须光滑对紧，减少过多的橡胶管通路。

③活塞润滑剂的涂抹

在涂润滑剂之前，活塞的塞子与套管均应以酒精、丙酮或苯仔细洗涤清洁，并擦拭干净。在涂润滑剂时，只需把少量润滑剂涂抹在塞子上下部，然后加入套管内旋转数次，直到活塞达到透明为止。润滑剂涂抹完毕应使考克处于关闭状态。

④气体分析仪的严密性检查

在安装好的气体分析仪中，把吸收液(煤油)装入吸收瓶，然后用提高或降低压力的方法来检验其密封性。首先关闭考克5，打开考克6，提高水准瓶将量气管内的气体排出，注意量气管内封液位不可流入梳形管；再关闭考克6，打开考克5，缓慢降低水准瓶高度将吸收瓶内的吸收液上升到 $0-0$ 标记线处，关闭考克5；随后打开考克6排出量气管内的气体，使量气管充满封液，关上考克6；放下水准瓶降低梳形管内压力，仪器在这种情况下保持片刻，如果量气管液面不变化，即可认为考克6不漏气。另一种方法是使量气管不充满封液，关上考克6，提高水准瓶压缩量气管内的气体，同样仪器在这种情况下保持片刻，如果液面保持不变，即可认为仪器中所有玻璃考克都不漏气。漏气的话要把活塞重新用溶剂洗干净，然后干燥，重涂润滑剂，再行检查，如果反复涂抹还是漏气，则必须更换活塞。

⑤气体分析仪的操作步骤

准备：分析仪使用前应使吸收瓶内的煤油界面位于 $0-0$ 标记线处，为此关闭考克5，打开考克6使量气管接通大气，然后提高水准瓶，使封液压入量气管，从而排走其内的气体。当量气管内液面上升到一定高度后，关闭考克6，打开考克5，并缓慢下降水准瓶，随着量气管内封液的下降，煤油液面上升，调节水准瓶的位置，使煤油液面上升到 $0-0$ 标记线处，关闭考克5。

冲洗：打开考克6接通大气，提高水准瓶使量气管内废气排到大气中去，再旋转考克6使量气管与油罐连通，打开取样考克，使气体空间与量气管相通，这时应缓慢降低水准瓶，采取100mL试样冲洗梳形分配管，取一次样冲洗一次，冲洗完将废气排入大气。

取样：随后开始正式取样，如果从量气管上读出取样刻度为100mL时，考虑到梳形分配管的死角体积(3.5mL)，那么取样体积实为103.5mL，为使量气管内压力与大气压力相等，应将水准瓶内液面与量气管内液面取齐，并在量气管中液面保持稳定后，再关闭考克6。

分析：气样取好以后，先提高水准瓶，检查确认考克已关死后再打开考克5，这样气体就压入吸收瓶与煤油接触。上下移动水准瓶数次(约20~30次)煤油就不断吸收混合气中的油蒸气，直到不吸收为止，所谓不吸收是指再将水准瓶上下移动，量气管内的液面不再变化，可以认为此时油蒸气吸收完了。否则，继续上下移动水准瓶直到液面不变化为止。然后将吸收瓶内的煤油调整到 $0-0$ 标记线上，读出量气管内剩余气体体积 V_2，在记录前最好稍等片刻，使封液全部从管壁流下，并将水准瓶内液面与量气管内液面取平，使量气管内压力与大气压力相等。

⑥操作注意事项

在煤油吸收过程中，严格防止煤油和水进入梳形分配管，因此上下移动水准瓶时应缓慢。

在测量分析前后气体体积时，应使煤油液面都在 0 - 0 标记线处，同时应在同一个大气压下测量。

在抽吸油罐气体空间气样进行浓度分析时，应缓慢降低水准瓶，并在液面稳定后进行读数。

在打开太阳灯进行浓度分析时，要求在所记录的温度下进行分析，因此应较快地进行取样冲洗和分析。

在分析终了状态的气体浓度时，应打开循环水，循环水的温度可以调整到假设的终了状态的某一数值，一般可取 25 ~ 35℃。

⑦浓度计算

经分析仪分析后的油气浓度 c：

$$c = \Delta V \ / \ V_1 + (p_s + p_m) \ / \ p_a * V_2 \ / \ V_1 \tag{28-1}$$

式中　V_1——取样体积；

　　　V_2——剩余体积；

　　　ΔV——气体体积变化量，$\Delta V = V_1 - V_2$；

　　　p_a——当地大气压；

　　　p_s——水的饱和蒸气压；

　　　p_m——煤油的饱和蒸气压。

⑧实测蒸发损耗量的计算

$$G_1 = Q\bar{\rho}\bar{c} + \Delta Q \bar{\rho}'\bar{c}' \tag{28-2}$$

式中　Q——油罐呼出的气体体积；

　　　ΔQ——冲洗和分析完排入大气的体积；

　　　$\bar{\rho} = (\rho_1 + \rho_2)/2$　起始状态和终了状态油蒸气密度的平均值；

　　　$\bar{c} = (c_1 + c_2)/2$　起始状态和终了状态油蒸气浓度的平均值；

　　　$\bar{\rho}' = (6\rho_0 + 2\rho_1 + 2\rho_2)/10$　原始状态和终了状态油蒸气密度的平均值；

　　　$\bar{c} = (6c_0 + 2c_1 + 2c_2)/10$　原始状态和终了状态油蒸气浓度的平均值。

$$\rho = M_y p_a / (RT)$$

式中，M_y 为油品的相对分子质量；R 为通用气体常数；T 为绝对温度。

⑨理论蒸发损耗值的计算

$$G_2 = \left[V(1 - c_0)\frac{p_0}{T_0} - (1 - c_2)\frac{p_2}{T_2} \right] \frac{\bar{c}}{1 - \bar{c}} \frac{M_y}{R} \tag{28-3}$$

式中，V 为油罐气体空间体积；C 为油蒸气浓度平均值，$\bar{c} = (c_1 + c_2)/2$。

(3)恒温水浴

恒温水浴主要用于给分析仪的量气管提供合适的温度。在分析终了状态时，气体空间的温度已经很高，高于室温 10 ~ 20℃，此时取出的油蒸气温度也很高，如果不将量气管的温度提高，由于混合气的热胀冷缩作用而导致气体体积变小，从而给分析带来较大的误差。

恒温水浴温度的设定：可以根据实验及周围温度情况，将恒温水浴温度调整到假设的终了状态的某一数值，终了状态可参照中间测温点的温度变化来确定。如实验开始时中间测温点的温度为 15℃，终了状态可取 25 ~ 35℃，一般一个实验过程 3h，中间测温点的温度变化也就是 10℃左右。

(4)湿式气体流量计

湿式气体流量计用于计量油蒸气混合气，指针每转一周，气体流量为 2L，最小读数为 0.1L 具体操作方法参见说明书。

(5)装置示意图

如图 28 - 1 所示，将模型油罐和湿式气体流量计、澳式气体分析仪、液压呼吸阀用胶管连接起来，保持其连接的气密性。将温度探针连接到温度巡检仪。向油罐内装入 65L 左右的汽油，即可进行准备实验。

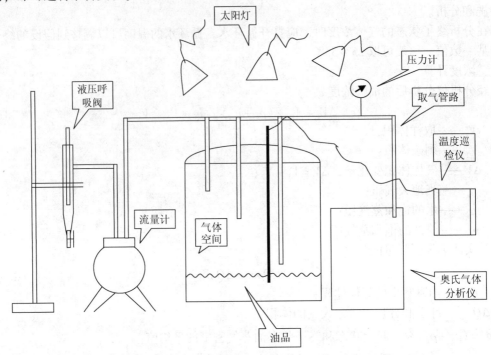

图 28 - 1　小呼吸蒸发损耗实验装置图

整个实验装置应放置在宽敞平坦的实验台上，实验台至少长 1.8m 宽 1m 高 0.8m，所有仪器的摆放应面向操作者，以利于操作。

各仪器胶管连接部位必须牢固，以防脱落。应经常检查胶管连接部分是否有老化、破损现象，如有发现应及时更换。

28.3　实验内容和步骤

本实验在利用公式计算时，要用到 Q、c、T、p 这些参数。为了测定这些数据，具体实验步骤如下：

(1)测定原始状态即未呼出气体时罐内温度、压力和浓度。在未打开太阳灯前，依次从温度巡检仪读出油气空间上、中、下以及油品的温度 T_0 值，并从压差计读出罐内压力 p_0，同时用奥氏气体分析仪丛罐内三个点的气样进行分析，分别求出三个点的浓度 c_0。

(2)打开太阳灯进行加热，注意罐内温度、压力变化。当压力达到某一数值时，从呼吸阀冒出第一个气泡，认为此时为起始状态。记下气体流量计的读数 Q_1，这时应马上记录油气空间上、中、下以及油品的温度 T_1 值和罐内压力 p_1 值。同时马上采取该状态下的中点气样进行浓度分析，求出 c_1。

(3)当气体空间中点温度达到某一数值时，假定此时为呼出终了状态。读出气体流量计的数值 Q_2，这时应马上记录油气空间上、中、下以及油品的温度 T_2 和罐内压力 p_2。同时马上采取该状态下的中点气样进行浓度分析，求出 c_2。

将奥氏气体分析仪分析测得的数据输入计算机可快速计算出油气空间三个测点的油气浓度 c_0、c_1、c_2 值。

28.4　实验数据处理

实验数据记录表见表28 – 1。

表 28 – 1　小呼吸蒸发损耗实验数据表

测量次序	气体空间和油品温度				压力	流量	气体体积变化量			封液温度			冲洗取样次数
	$T_油/$ ℃	$T_下/$ ℃	$T_中/$ ℃	$T_上/$ ℃	$p/$ mmHg	$Q/$ L	$\Delta V_下/$ mL	$\Delta V_中/$ mL	$\Delta V_上/$ mL	$T_下/$ ℃	$T_中/$ ℃	$T_上/$ ℃	次
0													
1													
2													

28.5　实验数据处理要求

(1)油气浓度 c 计算，见式(28 – 1)。

(2)实测损耗量的计算，见式(28 – 2)。

(3)理论损耗值的计算，见式(28 – 3)。

(4)参考数据(表28 – 2)。

表 28 – 2　煤油、水、汽油的饱和蒸气压表　　　　　　　　　　kPa

温度/℃	煤油	水	汽油
0	0.883	0.587	19.598
5	1.128	0.881	23.531
10	1.373	1.176	27.464
15	2.060	1.761	32.331
20	2.746	2.346	37.197
25	3.433	3.280	43.596
30	4.120	4.213	49.996
35	5.493	5.780	59.328
40	6.866	7.346	68.661

(5)误差分析

计算相对误差：$\delta = \dfrac{G_1 - G_2}{G_1} \times 100\%$ 　　　　　　　　　(28 – 4)

分析实验及计算过程中，哪些因素会导致产生误差。

(6)如何确定罐内油蒸气的饱和浓度?

28.6　思考题

(1)实验条件下，要克服模型油罐的小呼吸损耗应设计一个多大压力的液压呼吸阀?

(2)分析如果没有对量气筒进行水浴加热，对实验结果的影响?

29　阳极接地电阻测定实验

29.1　实验目的

(1)了解阳极接地电阻测量的基本原理。

(2)学会分析阳极接地电阻的大小对阴极保护系统的影响。

29.2　实验原理

在阴极保护系统中，阴极保护的效果好坏取决于阳极接地电阻，阳极接地电阻约占保护系统总电阻的70%~80%。如果阳极接地阻越大，则阳极输出电流越小，阴极保护系统的保护效果就越差。因此，阳极接地电阻是检验阴极保护系统效果好坏的一项重要必测参数。另外，看一座建筑或油罐的防雷措施是否有效也需要测避雷针的接地电阻。一般来说，避雷针的接地电阻应该小于10Ω。

(1)HT2571接地电阻测定仪

仪器内部的DC/AC变换器将直流电变为交流的低频恒流，经过辅助接地极C和被测物E组成回路，被测物上产生交流压降，经辅助接地极P送入交流放大器放大，再经过检波送入表头显示。借助倍率开关，可得到三个不同的量程：0~2Ω，0~20Ω，0~200Ω。

(2)ZC-8接地电阻仪

如图29-1、图29-2所示，仪器上C_1、C_2为供电极，电流为I_1，p_1、p_2为测量极。当供电I_1后，在p_1、p_2间电阻r_x(即为阳极接地电阻)造成电位差$I_1 * r_x$，该仪器按电位差计原理设计，内部测量回路的电流为I_2，在可变电阻R_{ab}上造成电位差，当ob间的电位差$I_2 * R_{ab}$ = $I_1 * r_x$时，则检流计不偏转，故得：

$$r_x = \frac{I_1}{I_2}R_{ab} \qquad (29-1)$$

该仪器制造时，已固定I_1/I_2之值，分别为10，1，0.1(即倍率标度有三个倍数，亦称为三挡)，R_{ab}可由仪表测量标度盘读出，故测量之接地电阻即为测定时采用的倍率标度的倍数乘以测量标度盘上的读数。

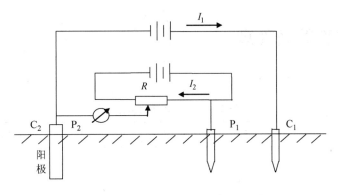

图 29 - 1　ZC - 8 接地电阻仪原理图

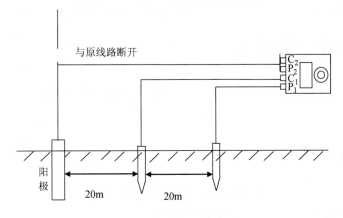

图 29 - 2　ZC - 8 接地电阻仪接线图

29.3　实验内容和步骤

(1)仪器放平，检查检流计指针是否在中心线上。

(2)从阳极开始在一条直线上间距 20m 依次打上一个铜电极和一个铁电极，依次连接，接到相应接线柱上。C_2 和 P_2 接线柱应该接到一起。电极不能颠倒。

(3)调整合适的"倍率标度"位数，顺时针转动发电机摇把。同时旋转"测量标度盘"使检流计指针指在中心。此时的读数乘以倍率即为所测的阳极接地电阻。

(4)如果"测量标度盘"读数小于 1，表明倍率太大，应降倍率；如果"测量标度盘"读数大于 10，表明倍率太小，应升倍率；如果倍率已经达到最大，检流计指针依然不然指向中心，则说明接地电阻超过所测范围，或者是接线错误。

(5)如果所测接地电阻小于 1Ω，则应将 C_2 和 P_2 的连接片打开，分别引导线到所测阳极上。

(6)测量管线阳极接地电阻时，应将阳极与原保护电路断开；测量避雷针接地电阻时，应避开雷雨天气。

(7)阳极电极与导线应接触良好，连接处应打磨光亮。

29.4 实验数据处理

实验数据记录表见表 29－1。

表 29－1 接地电阻数据表

	测试 1 接地电阻	测试 2 接地电阻
第 1 次		
第 2 次		
平均值		

29.5 实验报告要求

(1)记录试验数据，并分析实验中遇到的反常现象并分析其原因。
(2)根据实测数据判断阴极保护系统的保护效果。

29.6 思考题

(1)采用什么方法，可以更好地降低阳极接地电阻。
(2)对比实验两组数据，分析出现差距的原因。

30 土壤电阻率测定实验

30.1 实验目的

(1)了解土壤电阻率测量的基本原理。
(2)学会分析土壤电阻率的大小对保护系统的影响。

30.2 实验原理

在阴极保护系统的设计中还有一个不可缺少的参数——土壤电阻率。土壤电阻率的大小也影响着保护系统的效果。四个电极 A、M、N、B 在地上沿直线排列(图 30-1),供电极 A、B 与电源 E 相连接构成回路,电流 I 经电极 A、B 流入土壤,可以用电流表测量出来。两个测量极 M、N 与电位差计相连。由于电流流过土壤,MN 之间有一定电阻,则在 MN 之间产生电位差 ΔV,并被测量出来。这样电流和电位差已知,由此可以求出 MN 间土壤的电

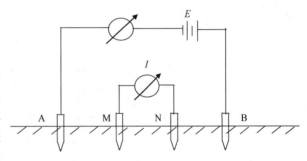

图 30-1　四极法测土壤电阻率原理图

阻 $R = \Delta V/I$。根据电阻公式 $R = \rho L/S$,如 L、S 已知,则可求出土壤电阻率 ρ。但 L、S 不能轻易得到,需要从其他途径来求土壤电阻率。

由物理课知道:如果电极埋深为 h 时,则在 20h 以外的地方形成的等势面接近半球面。而点电源形成的等势面也是半球面,因而此时的供电极可以看成是点电源,MN 间的电位差就可以通过点电源在土壤中形成的半球状电场求出来。具体的推导过程如下:

距 A 点半径为 r 处、厚度为 dr 的微元薄球片的电阻为 $dR = \rho \dfrac{dr}{2\pi r^2}$(因为 $R = \rho L/S$)。

M、N 距 A 点距离分别为 r_1、r_2,
N、M 距 B 点距离分别为 r_4、r_3。

对于 A 极,MN 之间土壤的电阻可以表示为 $R_A = \displaystyle\int_{r_1}^{r_2} \dfrac{\rho dr}{2\pi r^2} = \dfrac{\rho}{2\pi}\left(\dfrac{1}{r_1} - \dfrac{1}{r_2}\right)$

对于 B 极,MN 之间的土壤电阻可以表示为 $R_B = \displaystyle\int_{r_4}^{r_3} \dfrac{\rho dr}{2\pi r^2} = \dfrac{\rho}{2\pi}\left(\dfrac{1}{r_4} - \dfrac{1}{r_3}\right)$

对于 A 极,在 MN 间产生的电位差为 $\Delta V_A = I \cdot R_A = \dfrac{\rho}{2\pi}\left(\dfrac{1}{r_1} - \dfrac{1}{r_2}\right)$

对于 B 极,在 MN 间产生的电位差为 $\Delta V_B = I \cdot R_B = \dfrac{\rho}{2\pi}\left(\dfrac{1}{r_4} - \dfrac{1}{r_3}\right)$

则 MN 间总的电位差为 $\Delta V = \Delta V_A + \Delta V_B = \dfrac{I\rho}{2\pi}\left(\dfrac{1}{r_1} - \dfrac{1}{r_2} - \dfrac{1}{r_3} + \dfrac{1}{r_4}\right) = \dfrac{I\rho}{K}$

设 $K = \dfrac{2\pi}{\dfrac{1}{r_1} - \dfrac{1}{r_2} - \dfrac{1}{r_3} + \dfrac{1}{r_4}}$ ，且 $r_1 = r_4 = a$, $r_2 = r_3 = 2a$

则 $K = 2\pi a$

于是 $\rho = K\dfrac{\Delta V}{I} = 2\pi a R$ （ $\dfrac{\Delta V}{I} = R$ 由接地电阻仪测量得到）

（间距 a 通常由所测土壤的范围确定，如管线的埋深，实验时可取 $a = 1 \sim 1.5\text{m}$。）

30.3　实验内容和步骤

四极法测土壤电阻率常用的仪表有 UJ－4 电位差计、ZC－8 接地电阻仪和 HT2571 接地电阻测定仪。本实验采用 ZC－8 接地电阻仪和 HT2571 接地电阻测定仪。四个电极布置时 a 一般等于需要测定他土层的深度，电极插入土层的深度不大于 $a/20$。其接线布置图如图 30－2 所示：

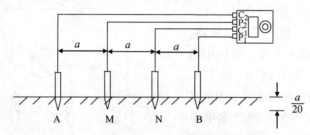

图 30－2　四极法测土壤电阻率接线布置图

30.4　实验数据处理

实验数据记录表见表 30－1。

表 30－1　土壤电阻测定数据表

项目	R_1	R_2	R_3	R_4	R 平均	电阻率
土壤 1						
土壤 2						

30.5　实验报告要求

(1)记录试验中遇到的反常现象并分析其原因。
(2)根据实测数据求出土壤电阻率。

30.6　思考题

(1)影响实验测量精度的原因有哪些？
(2)分析土壤电阻率大小对所保护设备的影响？

118

31   极化曲线法测土壤腐蚀性

31.1   实验目的

(1)对比金属在土壤中的腐蚀现象。
(2)了解受土壤腐蚀时金属极化与去极化作用的发生与发展过程。
(3)学会用极化曲线法测土壤腐蚀性。

31.2   实验原理

如图 31-1 所示,在玻璃缸中放入含盐、含水量为某一百分比的均匀土壤,其上插入两根大小及材料相同的金属电极 A 和 K,插入深度相同。金属电极 K 上焊有绝缘导线,通过单点开关 M。毫安表 mA 及可变电阻 R 与电源的负端相连,金属电极 A 也焊有绝缘导线,直接与电源正端相连。两个两个电极间并有电压表 V。实验所极是用镀锌螺栓改制而成,外径 $D = 16mm$,电极插入深度 $h(cm)$,实验时自行调整。

本实验通过恒电流的方法测量极化曲线(两级电位差 V 与电流密度 i 的关系),以电流为自变量,通过调节电路中的电阻 R 使某一恒电流通过电极。当电

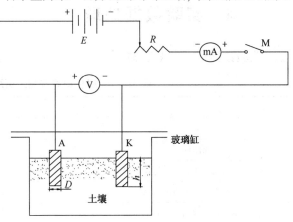

图 31-1   极化曲线法接线图

表上指示的电位差及电流值或达到稳定以后读数,为使电池系统获得稳定的极化电流,应采用高压、高阻实验装置。如图 31-1 所示,E 为极化电源,通常可取数十伏或数百伏的直流电源。R_c 为电池系统等效电阻,R 为可变电阻,根据欧姆定律,回路中的电流 I 是由 BRR_c、电源内阻 R_i 以及包括导线电阻、电压表内阻 R_x 来决定的。它们之间的关系:

$$I = \frac{E}{R + R_c + R_i + R_x} \tag{31-1}$$

可变电阻 $R >> R_c + R_i + R_x$,则 $I = B/R$,这样由于电解池电阻或线路中接触点电阻变化引起的电流变化可减少到很小的程度,极化电流 I 值基本稳定,达到控制极化电流的目的。为了获得较大的电流值,可采用较高电压的电源;若希望电流的可调范围更宽一些,也可采用分压 – 恒流混合线路。

31.3   实验内容和步骤

(1)熟悉并看清接线方法,选择合适的仪表量程,进行仪表调零。

(2)松土、平整，用擦净金属电极。

(3)在电极上标记预埋线，埋好电极，保持接触良好。用手按紧金属电极周围的土壤，使之与金属接触良好，记下电极埋深(埋深约5cm，间距约8cm)。

(4)仔细连接好电路，准备好秒表。经老师检查无误后，方可继续。

(5)根据给出的可变电阻范围，选好拟调节的电阻(一样土壤至少选4个测点，通常由大电阻开始，依次为10、8、6、4kΩ)，合上单点开关M并开始计时，观察电压表及电流表读数的变化情况，记下电压表读数稳定所需时间，记下此时的电压和电流值。

(6)断开开关并开始计时，记下电压表读数达到稳定(回零)所需时间。

(7)调整电阻值，待电压表回到零点，重复步骤(5)、(6)，继续进行测定。一般在上次断开开关达到5min后。实验时注意各次测定中电流、电压到达稳定的时间变化。

(8)测试完毕，断开电源。拔出电极，观察电极表面现象并记录。

(9)擦净电极，实验装置恢复原样，打扫卫生。

(10)将实验数据汇总于表，在腐蚀区域等级图上作出极化曲线($\Delta V - i$)，判别土壤腐蚀性。

31.4 实验数据处理

实验数据记录表见表31-1。

表 31-1 极化曲线法测土壤腐蚀电位与电流数据表

配　方	原　土			
	1	2	3	4
滑线电阻				
极化稳定时两极电位差 ΔV/mV				
极化稳定时电流/mA				
极化稳定时电流密度 i/(mA/cm^2)				
极化稳定所需时间				

31.5 实验报告要求

(1)记录试验中遇到的反常现象并分析其原因。

(2)根据实测数据作出极化曲线，判断土壤腐蚀性。

31.6 思考题

(1)在测定过程中土壤不严实或金属电极松动对测量结果会有什么影响？

(2)断开电路后电压表指针为什么是缓慢回到零点(有时还回不到零点)？

(3)影响测量准确性的因素有哪些？欲使实验装置能满足调节电流范围宽一些，如何改进现有的装置线路？

32 管地电位差测量

32.1 实验目的

(1)了解管地电位差测量的基本原理。

(2)学会用管地电位差测量方法判断管线的腐蚀程度。

32.2 实验原理

仪器:常用仪器有高阻万用表($2000\Omega/V$),量程范围$0\sim2V$。采用Cu/饱和$CuSO_4$电极做参比电极,因为材料稳定,易得,不易极化。

32.3 实验内容和步骤

测量方法:

将饱和$CuSO_4$电极垂直放置于管道上方地面上(事先应先倒一些饱和硫酸铜溶液将土壤湿润,以免接触不良。要及时更换饱和硫酸铜溶液,以免影响测量准确度)。

判断好正负极,连接好,开始测量。由于硫酸铜在正极,又与大地接触,故读数为负值(通常为$-0.62V$)。硫酸铜测得的钢管自然电位约为$-0.5\sim-0.6V$,通常要求保护时的管地电位是$-0.85\sim-1.2V$(饱和$CuSO_4$电极法)。

管地电位也是强制电流法阴极保护系统中的常测参数。对于管道是否存在干扰、管道的腐蚀状态是否严重、杂散电流的流入和流出量大小、保护效果的好坏等,基本上可以用管地电位大小来判断。实验接线如图32-1所示。

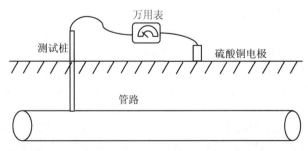

图32-1 管地电位测量示意图

32.4 实验数据处理

实验数据记录表见表 32 - 1。

表 32 - 1 管地电位测量数据表

项目	V_1	V_2	V_3	$V_{平均}$
管地电位				

32.5 实验报告要求

(1)记录试验数据,并分析实验中遇到的反常现象并分析其原因。
(2)根据实测数据判断管线的腐蚀程度。

32.6 思考题

(1)如何通过实验数据对所测管路腐蚀程度分析?
(2)采用硫酸铜电极做参比电极的优点及注意事项。

参 考 文 献

1 郑秋霞主编. 化工原理实验. 北京:中国石化出版社,2007.
2 夏清,陈常贵主编. 化工原理(上、下). 修订版. 天津:天津大学出版社,2005.
3 房鼎业,乐清华,李福清主编. 化学工程与工艺专业实验. 北京:化学工业出版社,2000.
4 冯亚云编. 化工基础实验. 北京:化学工业出版社,2004.
5 潘文群主编. 传质与分离操作实验. 北京:化学工业出版社,2006.
6 张新战主编. 化工单元过程及操作. 北京:化学工业出版社,2000.
7 张金利,郭翠梨主编. 化工基础实验. 第二版. 北京:化学工业出版社,2006.
8 谢建武主编. 萃取工. 北京:化学工业出版社,2007.
9 冯叔初等. 油气集输. 东营:石油大学出版社,1992.
10 曾多礼,邓松圣,刘玲莉. 成品油管道输送技术. 北京:石油工业出版社,2002.
11 杨筱蘅. 输油管道设计与管理. 东营:石油大学出版社,1996.
12 许行. 油库设计与管理. 北京:中国石化出版社,2009.
13 万德立,郜玉新,万家瑰. 石油管道储罐的腐蚀及其防护技术(第二版). 北京:石油工业出版社,
2006.
14 中国石油管道公司. 油气管道腐蚀控制实用技术. 北京:石油工业出版社,2010.
15 李玲编著. 石油和石油产品试验方法行业标准(上、下册). 北京:中国标准出版社,2005.